大学物理演示实验教程

王春明　苏文斌　王　茜　咸夫正　编著

山东大学出版社

SHANDONG UNIVERSITY PRESS

·济南·

图书在版编目(CIP)数据

大学物理演示实验教程/王春明等编著.—济南：
山东大学出版社,2023.8
ISBN 978-7-5607-7926-3

Ⅰ.①大… Ⅱ.①王… Ⅲ.①物理学－实验－高等学
校－教材 Ⅳ.①O4-33

中国国家版本馆 CIP 数据核字(2023)第 177130 号

责任编辑 李 港
封面设计 王秋忆

大学物理演示实验教程

DAXUE WULI YANSHI SHIYAN JIAOCHENG

出版发行	山东大学出版社	
社 址	山东省济南市山大南路 20 号	
邮政编码	250100	
发行热线	(0531)88363008	
经 销	新华书店	
印 刷	济南乾丰云印刷科技有限公司	
规 格	787 毫米×1092 毫米 1/16	
	14 印张 212 千字	
版 次	2023 年 8 月第 1 版	
印 次	2023 年 8 月第 1 次印刷	
定 价	58.00 元	

目　录

1　力学篇

1.1　质心运动

实验导入

在大学物理中我们经常研究某一个质点的运动,但是在现实问题中,运动的实际物体都是有大小、有形状的。那么,实际物体的运动与质点的运动有什么关系呢?

实验目的

演示质心运动定理。

实验原理

质心运动实验装置及示意图如图 1-1-1 所示,它主要由弹簧、弹杆、支架、哑铃和卡扣构成。卡扣用于固定弹杆,将哑铃放置在支架上,释放卡扣,弹杆在弹簧的作用下强而短促地击打哑铃。

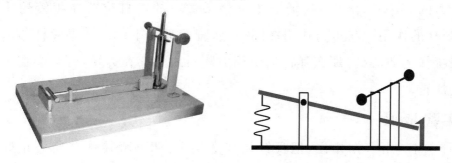

图 1-1-1　质心运动实验装置及示意图

一个有大小、有形状的物体可以看成是由大量质点组成的质点系,质心是

质点系中的一个假想点,质点系的质量被认为集中于此。在坐标系中,质心的位置是质点系中各质点位置对质点质量的加权平均,即:

$$r_c = \frac{\sum_i m_i r_i}{\sum_i m_i}$$

其中,r_c 代表质心的位置矢量,r_i 代表质点系中质点 m_i 的位置矢量。

以质心为原点的参考系为质心系。在质心系中,有:

$$\sum_i m_i v_i = 0, \sum_i m_i r_i = 0$$

假设质点系中第 i 个质点受到的外力为 F_{ie},受到的内力为 $\sum_j f_{ij}$,其中 f_{ij} 表示第 j 个质点对第 i 个质点的作用力,则它的动力学方程为:

$$F_{ie} + \sum_j f_{ij} = m_i a_i = m_i \frac{\mathrm{d} v_i}{\mathrm{d}t} = m_i \frac{\mathrm{d}^2 r_i}{\mathrm{d}t^2}$$

质点系的内力矢量和为 $\sum_{ij} f_{ij} = 0 (i \neq j)$,对质点系中所有质点求和,则所受合外力 F_e 为:

$$F_e = \sum_i F_{ie} = \frac{\mathrm{d}^2 \sum_i m_i r_i}{\mathrm{d}t^2} = m \frac{\mathrm{d}^2 r_c}{\mathrm{d}t^2}$$

也就是说,质点系所受外力的合力等于质点系总质量与质心加速度的乘积,即合外力决定了质心的运动,此即质心运动定理。质点系的运动可以分解为质心的平动和绕质心的转动,质心的平动遵循质心运动定理,绕质心的转动遵循质点系角动量定理。

实验中用到的木质哑铃可以看作一个质量对称分布的刚体质点系,各质点所受重力的合力作用在哑铃质心处。如果弹杆的击打位置在哑铃的质心处,那么弹杆的作用力与重力作用在同一点,哑铃只做平动。如果弹杆的击打位置不在哑铃的质心处,那么弹杆的作用力相对质心存在力矩,哑铃会在平动的同时叠加转动。

💡实验步骤

1.按下弹杆,用卡扣扣住,把哑铃放在支架上,调整哑铃使其质心正好在弹杆的正上方。

2.释放卡扣,观察哑铃的运动情况。

3.再次按下弹杆,用卡扣扣住,把哑铃放在支架上,调整哑铃使其质心偏离弹杆的正上方。

4.释放卡扣,观察哑铃的运动情况。

💡注意事项

1.弹杆的作用力必须是强而短促的作用力。

2.弹杆击打位置不能偏离质心过远。

💡实验思考

1.质心上升的最大高度与哪些因素有关?

2.若弹杆作用力不符合强而短促的要求,或击打位置偏离质心过远,将出现什么现象?

⚙ 1.2 滚摆

💡实验导入

滚摆,又叫作麦克斯韦轮或麦克斯韦摆。在不考虑摩擦和绳子内能变化的情况下,滚摆上升和下降的运动过程中只涉及重力势能和动能的相互转化,这两种能量的总和保持不变。

💡实验目的

通过滚摆的运动来演示机械能守恒定律、重力势能与动能之间的相互转化。

💡实验原理

滚摆的实验装置如图1-2-1所示,主要包含滚轮、细绳和支架等部分,其中滚轮的边缘厚重,中心穿有细轴。

细轴缠绕细绳使滚摆到达一定高度,释放后滚摆的运动为质心的平动与绕质心转动的叠加。若忽略空气阻力、细绳摩擦力等因素,则滚摆运动过程中重力势能和动能相互转化,总机械能保持守恒。滚摆下降过程中,重力势能转化为动能,细绳完全展开后,滚摆重力势能最小,动能最大。此后,在绕质心转动的作用下,滚摆上升,动能转化为重力势能。滚摆上升到释放时的高度后,重力势能最大,动能为零。然后,滚摆在重力作用下下降,循环往复。

现实环境中总是存在空气阻力、细绳摩擦力以及细绳内能变化等因素,所以系统的机械能是不断减小的。实际观察到的是滚摆上升的最大高度总是比前一次低,直至机械能消耗完毕,滚摆停在最低点。

图 1-2-2 是滚摆的受力分析图,滚摆受到重力($m\boldsymbol{g}$)和绳子的拉力($\boldsymbol{T}$),滚摆的半径为 r(为方便计算与分析,已经将两侧细绳的拉力合为一个力,并将滚摆的形状简化为半径为 r 的圆柱)。

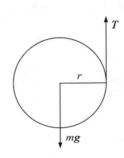

图 1-2-1　滚摆实验装置　　　　　图 1-2-2　滚摆受力分析

根据质心运动定理,滚摆所受外力的合力等于滚摆质心加速度 $\boldsymbol{a}_c$ 与质量的乘积,即:

$$m\boldsymbol{g}-\boldsymbol{T}=m\boldsymbol{a}_c$$

系统中各质点绕质心转动,有:

$$Tr=J\beta$$

其中,$J=mr^2$,为滚摆的转动惯量,β 为滚摆的角加速度。

对于滚摆,其角加速度与半径的乘积等于质心加速度,即:

$$r\beta=a_c$$

联立以上三式,可以解得:

$$a_c=\frac{g}{1+\dfrac{J}{mr^2}}, T=\frac{J}{J+mr^2}mg, \beta=\frac{\dfrac{g}{r}}{1+\dfrac{J}{mr^2}}$$

滚摆在最高点从静止开始下落,在 t 时刻下落的高度为:

$$h = \frac{1}{2} a_c t^2$$

此时质心的平动动能为:

$$E_{kp} = \frac{1}{2} m v_c^2 = \frac{1}{2} m (a_c t)^2 = \frac{\frac{1}{2} m g^2 t^2}{\left(1 + \frac{J}{mr^2}\right)^2}$$

滚摆绕质心的转动动能为:

$$E_{ks} = \frac{1}{2} J \omega^2 = \frac{1}{2} J (\beta t)^2 = \frac{\frac{1}{2} J \left(\frac{g^2 t^2}{r^2}\right)}{\left(1 + \frac{J}{mr^2}\right)^2}$$

根据柯尼希定理(Konig's theorem),刚体运动的动能等于质心的平动动能与刚体绕质心的转动动能之和,即:

$$E_k = E_{kp} + E_{ks} = \frac{1}{2} m g^2 t^2 \times \frac{1}{1 + \frac{J}{mr^2}} = mgh$$

可以看出,在任意时刻,滚摆增加的动能等于它减少的重力势能。换句话说,滚摆的动能和重力势能的总和是不变的,即滚摆的机械能守恒。

🔆实验步骤

1.观察滚摆在静止时是否处于水平状态,如果不是,先调节细绳使其处于水平状态。

2.捻动滚摆细轴,细绳均匀地缠绕在细轴上,使滚摆上升到一定高度。

3.释放滚摆,观察滚摆的运动情况,并分析原因。

🔆注意事项

1.释放时要使滚摆平稳下落,不要左右摇摆或者扭转。

2.操作过程中注意保持滚摆细轴两端水平。

3.细绳、细轴和滚轮间不可打滑。

🔆实验思考

1.试分析滚摆下落时质心的平动速度大小与位置高度的关系。

2.试分析滚摆上下平动运动的周期与摆的质量的关系。

⚙ 1.3 锥体上滚

💡实验导入

能量最低原理是自然界中的一个普遍原理,它告诉我们,物体的稳定态是能量最低的状态,物体或者系统都有自发趋于能量最低态的趋势。在重力场中,物体总是趋于重力势能更低的状态,所以物体总是有降低重心、从重力势能高的地方向重力势能低的地方运动的趋势。

💡实验目的

通过观察与思考锥体上滚的现象,加深对重力场中物体总是力求降低重心以趋于稳定的规律的了解,并分析运动过程中重力势能与动能的相互转化。

💡实验原理

锥体上滚实验装置如图 1-3-1 所示,主要由锥体和斜轨组成。锥体为双锥体,两斜轨一端相距较近且高度较低,另一端相距较远且高度较高。

图 1-3-1 锥体上滚实验装置

把锥体放在斜轨的底端,摆正后松手,锥体在重力的作用下会向上移动到斜轨的顶端。从图 1-3-2 中可以看出,虽然表面上是锥体从斜轨底端上移到顶端,实际上锥体在上移的过程中重心不断降低。

如图 1-3-2 所示,假设锥体顶点的张角为 α,斜轨的张角为 β,斜轨的倾角为 γ。锥体从 AA' 位置移动到 BB' 位置的过程中,锥体沿斜轨上升的高度为:

$$h = l \tan \gamma$$

而由于斜轨自身的张角和锥体的张角，锥体重心下降的距离为：

$$h'=l\tan\frac{\beta}{2}\tan\frac{\alpha}{2}$$

为了能使锥体自动上移，必有：

$$h'>h$$

把前两个等式代入上面的不等式得：

$$\tan\gamma<\tan\frac{\beta}{2}\tan\frac{\alpha}{2}$$

由此可见，整套设备的角度必须满足一定的几何关系。

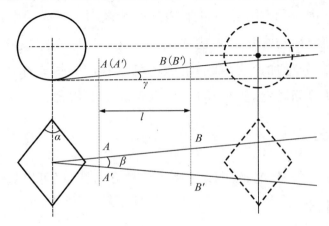

图 1-3-2　锥体上移过程中重心下降

💡实验步骤

1.把锥体放在斜轨底端摆正，释放并观察锥体的运动情况。

2.把锥体放在斜轨较低位置（高于最底端），释放并观察锥体的运动情况。

3.把锥体放置在斜轨顶端，释放并观察锥体的运动情况。

4.观察并比较锥体在斜轨底端和顶端时的高度，判断锥体在这两处时重心的高低。

💡注意事项

1.锥体要摆正，其轴线应平行于导轨平面，以免上滚时脱离轨道。

2.移动锥体时要轻拿轻放，切勿将锥体掉落到地上造成变形或者损坏。

💡实验思考

1.如果把锥体换成圆柱或者球,还能自动上滚吗?为什么?

2.提供一把直尺和一套锥体上滚实验装置(斜轨张角可人工调节),如何测量锥体顶角的张角?

⚙ 1.4　角动量合成

💡实验导入

在牛顿力学中,可以利用动量来描述一个物体的"运动情况"(速度与方向),并通过牛顿定律与冲量(力)建立关系。这一思路在解决直线运动等问题时比较简洁,无须处理加速度,某些情况还可以利用守恒定律进行简化。在处理质点圆周运动等问题时,类比动量,引入角动量的概念:

$$p = mv$$

$$L = r \times p$$

角动量是一个矢量,它既可以反映转动的方向性,也可以进行矢量运算。

💡实验目的

观察角动量合成现象,加深对角动量矢量性的理解,对角动量合成的物理意义有直观体会。

💡实验原理

角动量合成实验装置如图 1-4-1 所示,主要包含底座、水平转盘、支架、垂直转盘等部分。水平转盘可在水平面内转动,其上装有支架(安装位置偏离圆盘中心)。垂直转盘为安装在支架上的橡胶圆盘(盘面可发生轻微倾斜),由电机驱动,在垂直于轴线的平面内转动。

如图 1-4-2 所示,根据角动量定义,只有垂直转盘转动时,角动量 L_1 为:

$$L_1 = J\omega$$

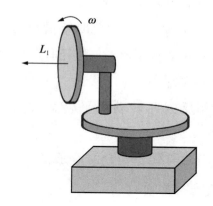

图 1-4-1　角动量合成实验装置　　　　图 1-4-2　垂直转盘的角动量

方向遵守右手螺旋定则,此处假定为由圆心水平向外。当水平转盘同时转动时,产生另一个角动量 L_2,合成之后,垂直转盘的总角动量为 L_3。此时垂直转盘的转动受到了水平转盘转动的影响,表现为垂直转盘盘面略微倾斜的转动,如图 1-4-3 所示。

$$L_3 = L_1 + L_2$$

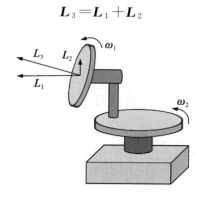

图 1-4-3　角动量合成

根据矢量运算法则,两个相互垂直的矢量(即两个"相互垂直的转动")叠加后,合矢量的方向会发生改变。在本实验中具体表现为垂直转盘盘面略微倾斜,并且水平转盘转速越大,垂直转盘盘面倾斜越大。

💡实验步骤

1.将实验仪器放置在水平、稳定的台面上,调速旋钮调至转速最小位置,在电源关闭状态下连接电源。

2.打开电源并旋转调速旋钮,使垂直转盘开始旋转,微调旋钮使转盘以适当的转速稳定旋转,思考此时转盘角动量的方向。

3.用手转动水平转盘,观察垂直转盘盘面倾斜和速度变化情况,思考此时垂直转盘角动量的方向。

4.按相反方向转动水平转盘并观察现象,思考此时垂直转盘角动量的方向。

5.分析垂直转盘角动量合成的过程。

☀注意事项

1.由于垂直转盘质量较轻,旋钮控制的调速器不易稳定速度,因此启动转盘时需要将调速旋钮置于转速较大位置,转盘启动后应调小转速以达到稳定转动。

2.旋转水平转盘时注意安全,避免直接碰触高速旋转的转盘,严禁转速过快。

3.注意用电安全。

☀实验思考

1.不使用角动量合成,使用运动学方法分析转盘倾斜的原因,比较求解过程,体会角动量方法的优越性。

2.旋转底座时,发现垂直转盘的转速会降低。但根据矢量相加规则,合角动量应该更大,试解释可能的实际原因。

3.当转盘转速过快时,可能会发生剧烈振动,试解释可能的原因。

⚙ 1.5 角动量守恒

☀实验导入

在运动学和动力学中,为了描述转动的性质,引入了角动量的概念。角动量是与物体的位置矢量和动量相关的物理量,常用 L 表示:

$$L = r \times p$$

当物体对于某一转轴(或点)所受力矩之和为零(或无力矩)时,则物体对于此转轴(或点)角动量守恒。在实际生活中,角动量守恒有非常广泛的应用,如直升机的双旋翼设计、四轴飞行器的四个螺旋桨的转向、运动员的身体动作训练设计(体操、花样滑冰、跳水等)、陀螺仪的方向稳定性、惯性制导等。

实验目的

操控实验仪器并观察实验现象,加深对角动量守恒定律的理解。

实验原理

角动量守恒实验装置如图 1-5-1 所示,由直升机模型、支架与底座构成。直升机模型主要包括机身、螺旋桨与尾桨,通过支架安装在底座上。底座上有调速旋钮与换向开关,可以控制直升机螺旋桨与尾桨的转速和方向。

在机身、螺旋桨与尾桨组成的系统中,若其转轴的合外力矩为零,则系统的角动量守恒。控制螺旋桨沿某一方向旋转时,根据角动量守恒定律,机身将沿相反方向旋转。此时控制尾桨旋转,尾桨与空气相互作用产生补偿力矩,从而可以使机身停止转动。

图 1-5-1　角动量守恒实验装置

实验步骤

1.将实验仪器放置在水平、稳定的实验台上,保持电源开关关闭,连接电源。

2.检查螺旋桨、尾桨是否可以自由转动,将调速旋钮调至转速最小处。

3.打开电源开关,逐渐增大螺旋桨转速,观察机身的转动方向与转速。

4.保持螺旋桨转速不变,逐渐增加尾桨转速,观察机身的转动方向与转速。

5.将调速旋钮调至转速最小处,关闭电源开关,待螺旋桨、尾桨停止转动后,分别改变二者的转动方向,重复步骤 3 和步骤 4,观察机身的转动方向与转速。

6.将调速旋钮调至转速最小处,关闭电源开关,结束实验。

☀注意事项

1.实验仪器必须放置在稳固台面上,避免因剧烈晃动而倾覆。

2.实验中严禁触碰机身、螺旋桨和尾桨,以免损坏设备或造成人员伤害。

3.一定要等转速足够低或转动停止后,再切换转动方向。

☀实验思考

1.利用角动量守恒的知识解释实验现象。

2.当转速较低时,实验现象不明显,机身基本没有转动,试分析原因。

3.在现实生活中,直升机在升高位置、转向时,应如何控制螺旋桨与尾桨的转速?

1.6 茹科夫斯基凳

☀实验导入

根据角动量守恒定律,系统所受合外力为零时其角动量守恒。刚体或质点系定轴转动时,其角动量为:

$$L = J\omega$$

若内力作用使刚体或质点系的质量分布发生变化,则转动角速度必然会发生相应的变化。

☀实验目的

在合外力为零的情况下,观察系统转动惯量改变时角速度的变化情况,加深对角动量守恒的理解。

☀实验原理

茹科夫斯基凳实验装置及示意图如图 1-6-1 所示,由转椅和两个大质量的哑铃组成。

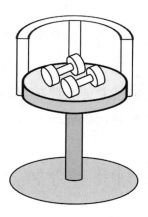

图 1-6-1 茹科夫斯基凳实验装置及示意图

刚体的运动包括平动与转动,为了描述刚体绕轴转动时的"惯性",引入了"转动惯量"的概念。在刚体转动的动力学方程中,转动惯量就相当于牛顿第二定律中的质量。转动惯量以字母 I 表示,在国际标准单位制中,其单位符号是 $kg \cdot m^2$。

转动惯量的大小取决于刚体的形状、质量和转轴的位置。对于同一个刚体,不同的转轴对应的转动惯量也可能不同。

对于质量离散分布的系统,其转动惯量的表达式为:

$$I = \sum_i m_i r_i^2$$

对于质量连续分布的系统,其转动惯量的表达式为:

$$I = \iiint_V r^2 \mathrm{d}m = \iiint_V r^2 \rho \, \mathrm{d}V$$

其中,m_i 和 $\mathrm{d}m$ 分别表示离散和连续质量分布系统中某个质元的质量,r_i 和 r 分别代表该质元到转轴的距离。

在本实验中,我们以质量分布均匀的圆柱体作为人体转动惯量模型,那么人体相对中心转轴的转动惯量为:

$$I_0 = \iiint_V r^2 \mathrm{d}m = \frac{\pi}{2} \rho R^4 h$$

其中,ρ 表示圆柱体的密度,R 表示圆柱体的半径,h 表示圆柱体的高。

假设实验中用到的两个哑铃质量都为 m_1,当贴近人体对称放置时,哑铃相对中心转轴的转动惯量为:

$$I_1 = 2m_1R^2$$

整个系统的转动惯量为：

$$I = I_0 + I_1$$

若手持哑铃并伸直胳膊,则哑铃相对中心转轴的距离会增加胳膊的长度 r,此时哑铃相对中心转轴的转动惯量为：

$$I_1' = 2m_1(r+R)^2$$

整个系统的转动惯量为：

$$I' = I_0 + I_1'$$

显然 $I' > I$,即手持哑铃并伸直胳膊时的转动惯量大于哑铃贴近人体时的转动惯量。在系统受合外力为零的情况下,由角动量守恒方程：

$$I\omega = I'\omega'$$

可知 $\omega' < \omega$,即伸直胳膊后系统的角速度将减小。

💡实验步骤

1.将茹科夫斯基凳稳固放置,确保周围环境空旷。

2.演示者坐在转椅上,两只手握住哑铃并贴近身体对称放置,由其他实验者转动转椅。

3.坐在转椅上的演示者手握哑铃并慢慢把双臂对称伸展,观察转动速度的变化。

4.演示者双臂完全伸展后,再慢慢收回双手,恢复哑铃贴近身体对称放置的初始状态。

💡注意事项

1.实验时注意安全,注意维持平衡,不要使转速过快。

2.实验结束后,待转椅停止转动且演示者从旋转状态恢复后,再让其离开转椅,防止发生跌倒、摔伤事故。

💡实验思考

1.实验时如果只伸开一只手臂,转动减慢得会更快还是更慢?

2.在实验过程中,对于演示者、哑铃和转椅组成的系统,总动能是否发生了变化?

1.7 进动仪

实验导入

进动是指自转物体的自转轴绕着另一个轴旋转的现象,又可以称为旋进,在天文学上称为岁差现象。

实验目的

观察进动仪的进动与章动现象。

实验原理

进动仪实验装置如图 1-7-1 所示,由质量沿圆周均匀分布的转轮、配重、万向节和支架等组成。

图 1-7-1　进动仪实验装置

矢量是既具有大小也具有方向的量,矢量的变化率也是一个矢量,称为变化率矢量。若一个物理矢量的变化率矢量大小保持不变,且总是垂直于该物理矢量,则这个物理矢量将不断改变方向而不改变大小,这个物理矢量的运动就叫作进动,写成方程的形式为:

$$\frac{\mathrm{d}\boldsymbol{A}}{\mathrm{d}t} = \boldsymbol{G} \times \boldsymbol{A}$$

其中,$\boldsymbol{G}$ 是一个常矢量。$\boldsymbol{G} \times \boldsymbol{A}$ 为矢量 $\boldsymbol{A}$ 的变化率,且 $\boldsymbol{G} \times \boldsymbol{A}$ 总是垂直于矢量 $\boldsymbol{A}$,所以矢量 $\boldsymbol{A}$ 总是在改变方向而不改变大小。矢量 $\boldsymbol{A}$ 改变方向时,

$G \times A$ 也会以同样的方式改变方向,结果则是矢量 A 绕矢量 G 做进动,如图 1-7-2所示。

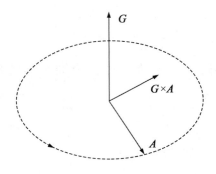

图 1-7-2　矢量的进动

当转轮高速转动时,自身会具有一个沿轴的角动量 J_s。假设角动量 J_s 的方向沿轴向外。如果支架的支点与转轮和配重、杠杆的重心不重合,对于转轮、配重、杠杆三者组成的力学系统而言,系统会受到作用在支点之外的重力作用。

假设重心落在靠近转轮的一侧,相对于支点的位置矢量为 r,那么重力对系统产生的力矩为:

$$M = r \times mg$$

方向与 J_s 所在的竖直面垂直,如图 1-7-3 所示。

根据角动量定理,在一段时间内系统角动量的改变量等于外力矩产生的冲量矩,即:

$$\Delta J_s = M \Delta t$$

如图 1-7-4 所示,Δt 时间后转轮的角动量为:

$$J = J_s + \Delta J_s$$

由于 Δt 时间非常短,则 ΔJ_s 也非常小,所以有:

$$\Delta J_s = J_s \tan(\Delta \theta) = J_s \Delta \theta$$

这里用到了 $\tan(\Delta \theta)$ 的等价无穷小替换。回代到角动量定理中,有

$$M = J_s \Omega$$

其中,Ω 是 J_s 进动的角速度,方向竖直向上。

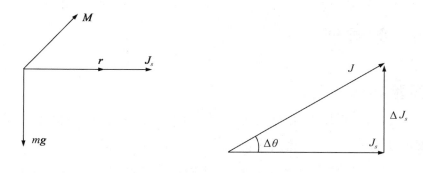

图 1-7-3　重力作用力矩　　　　图 1-7-4　角动量改变

在观察进动仪进动运动的同时,还会看到进动仪存在一种不规则的运动,即在自转轴改变方向的过程中出现如点头一样的摇晃现象,这种运动叫作章动。在不同的初始条件下,章动的情况也不相同。

💡实验步骤

1.调节配重的位置,使得转轮静止时杠杆处于水平状态。

2.左手扶住杠杆,右手转动转轮,使转轮高速自转,松开左手,观察系统的运动情况。

3.调节配重的位置,使系统的重心在转轮的一侧,使转轮高速自转,观察系统的运动情况。

4.调节配重的位置,使系统的重心在转轮的另一侧,使转轮高速自转,观察系统的运动情况。

5.使转轮以相反方向自转,重复以上步骤。

💡注意事项

1.尽量使支点处的摩擦力减小。

2.尽量使转轮的转速大一些。

💡实验思考

1.如果重力的作用点在配重一侧,系统进动的方向如何?

2.如果改变转轮的转动方向,系统的进动方向如何变化? 为什么?

⚙ 1.8　陀螺仪

💡实验导入

　　飞机在空中飞行以及卫星绕地球转动的过程中,不可避免地会受到很多外界因素的干扰。为了实现预定的飞行姿态,飞机和卫星需要知道自身的实际飞行姿态,然后与预定姿态进行比较并做出姿态修正。那么,飞机和卫星该如何知道自身的实际飞行姿态呢?

💡实验目的

　　演示陀螺仪的定轴性,加深对角动量守恒定律和角动量定理的理解。

💡实验原理

　　陀螺仪实验装置如图 1-8-1 所示,由中间大转动惯量的陀螺和具有三个自由度的旋转支架构成。旋转支架共有三层,提供三个自由度,可以使陀螺在三维空间内指向任意角度。每层支架连接处的旋转轴近似为理想转轴,可视为没有摩擦阻力。

图 1-8-1　陀螺仪实验装置

　　陀螺静止时,拨动最外层旋转支架,此时陀螺转轴的指向会发生相应的变化。陀螺快速转动时,无论如何拨动最外层旋转支架,陀螺转轴的指向保持不变,这称为陀螺仪的定轴性。

　　陀螺仪中陀螺的质量较大,且均匀分布在以转轴为轴心的一个同心圆上。

根据转动惯量的计算表达式 $I = \int r^2 dm$，可知陀螺具有很大的转动惯量，所以高速旋转的陀螺仪具有很大的角动量 $\boldsymbol{J}$。根据角动量定理（或者角动量守恒定律）可得：

$$\frac{\mathrm{d}\boldsymbol{J}}{\mathrm{d}t} = \boldsymbol{M}$$

即质点系角动量对时间的变化率等于所受到的合外力矩。

拨动最外层旋转支架时，在忽略各转轴摩擦的情况下，支架对陀螺的力矩为零。根据角动量守恒定律，此时陀螺的角动量为恒矢量。换言之，角动量的大小和方向都不发生变化，所以陀螺仪表现出定轴性。

实验步骤

1.检查陀螺仪各层支架之间的连接是否结实，各层支架转动是否顺畅。

2.把各层支架调整到同一平面，在陀螺仪静止的情况下，用手拨动最外层旋转支架，观察陀螺仪的运动情况。

3.把各层支架调整到同一平面，用高速旋转的电机启动陀螺，使陀螺快速转动，观察陀螺仪的运动情况。

4.用手拨动最外层旋转支架，观察陀螺仪的运动情况，验证陀螺仪的定轴性。

5.用抹布等物品提供阻力，使陀螺慢慢停止转动，整理实验物品，结束实验。

注意事项

1.各处转轴摩擦力较大时，应涂抹润滑油。

2.陀螺在高速转动时比较危险，实验操作过程中要注意安全。

实验思考

1.现实中不可能存在无摩擦的陀螺仪，陀螺在转动过程中总是不可避免地趋于停止，那么如何使陀螺仪应用在飞机或者卫星的导航系统中？

2.如果拨动第二层支架（注意安全，不要被夹到手指），陀螺会怎么运动？

⚙ 1.9 牛顿摆

💡实验导入

牛顿摆是一种常见的桌面饰品，由法国物理学家埃德姆·马略特（Edme Mariotte）于 1676 年最早提出，又叫作牛顿摆球、动量守恒摆球、永动球、物理撞球、碰碰球等。

💡实验目的

演示等质量金属小球的弹性碰撞过程，加深对动量定理的理解。

💡实验原理

牛顿摆实验装置如图 1-9-1 所示，由等长细绳系在支架上的几个材质、形状、尺寸、质量完全相同的金属小球组成，小球之间恰好相切。

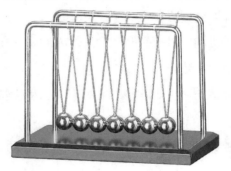

图 1-9-1 牛顿摆实验装置

在物理学中，碰撞表示两个质点在极短时间内相互作用。碰撞过程中两个质点交换动量与能量，碰撞前后两质点的运动状态将发生变化。按照碰撞过程中系统是否有能量的损耗，可以将碰撞分为弹性碰撞与非弹性碰撞。

弹性碰撞是一种理想模型，它认为两个质点或者物体碰撞后，其形变能完全恢复，不会发热发声，也没有动能的损失。弹性碰撞满足动量守恒定律，即碰撞前后系统的总动能不变，动量和动能只在系统内部的不同部分或者不同质点之间相互传递，没有能量和动量的损耗。

在实际的碰撞中，碰撞后系统的总动能总是小于碰撞前，这种碰撞称为非弹性碰撞。但是在碰撞前后动能损失非常小的情况下，为了简化问题、突出主要矛盾,通常可以将其近似认为是弹性碰撞。

以质量分别为 m_1 和 m_2 的两个小球在水平面上发生弹性碰撞为例,假设碰撞前 m_1 和 m_2 的速度分别为 v_1 和 v_2,那么碰撞前两个小球的动量与动能分别为:

$$\boldsymbol{p}_1 = m_1 v_1, \quad T_1 = \frac{1}{2} m_1 v_1^2$$

$$\boldsymbol{p}_2 = m_2 v_2, \quad T_2 = \frac{1}{2} m_2 v_2^2$$

碰撞后两个小球的动量与动能分别为:

$$\boldsymbol{p}_1' = m_1 u_1, \quad T_1' = \frac{1}{2} m_1 u_1^2$$

$$\boldsymbol{p}_2' = m_2 u_2, \quad T_2' = \frac{1}{2} m_2 u_2^2$$

其中,u_1 和 u_2 分别是碰撞后两个小球的速度。

弹性碰撞前后不改变系统的动量与动能,因此有:

$$m_1 v_1 + m_2 v_2 = m_1 u_1 + m_2 u_2$$

$$\frac{1}{2} m_1 v_1^2 + \frac{1}{2} m_2 v_2^2 = \frac{1}{2} m_1 u_1^2 + \frac{1}{2} m_2 u_2^2$$

当 $m_1 = m_2$ 且 $v_2 = 0$ 时,m_1 的动量与动能全部传递给 m_2,即碰撞过后 m_1 静止,而 m_2 代替 m_1 继续向前运动。

把牛顿摆最外侧的小球提起一定高度,释放小球让其做圆周运动,并自然撞击第二个小球。此时,当前小球的动量全部传递给后一个小球,使后一个小球获得动量。第二个小球又会碰撞与之相邻的第三个小球,发生相同的碰撞过程,这样动量依次由第二个、第三个小球传递下去,直到最后一个小球。最后一个小球刚好做与第一个小球方向相同的圆周运动,其运动的最高点正是第一个小球释放时的高度。然后最后一个小球再以圆周运动的形式自然撞击与之相邻的小球,动量依次被传递回第一个小球,周而复始。

💡实验步骤

1.检查细绳是否有脱落或者松动的情况,检查细绳的长度是否一致。

2.将最外侧的小球提升到一定高度,注意保持与之相连的细绳抻直。

3.释放小球,观察所有小球的运动情况。

4.将最外侧相邻的两个小球同时提升到一定高度,注意保持与之相连的细绳抻直。

5.同时释放两个小球,观察所有小球的运动情况。

💡**注意事项**

1.提升小球时,使小球抬高的角度小于90°。

2.提升小球时,注意保持细绳处于抻直状态。

3.释放小球时,注意控制小球的运动方向,确保所有小球始终处于同一竖直平面内。

💡**实验思考**

1.如果同时提升两个小球并且释放,会发生什么情况?三个呢?四个呢?

2.释放小球时,不同的运动方向会怎样影响所有小球的运动?如何控制小球的运动方向?

⚙️ 1.10 逆风行船

💡**实验导入**

前人在航海过程中积累了大量经验,可以有效利用各地区"季风"的情况进行航海。但有时航海过程中不得不逆风前行,在没有机械动力设备的帆船时代,人们是如何使帆船逆风而行的?

💡**实验目的**

演示逆风行船的现象,加深对动量定理的理解。

💡**实验原理**

逆风行船实验装置及示意图如图 1-10-1 所示,主要由水槽、帆船模型和电风扇组成。

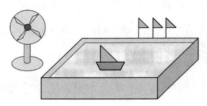

图 1-10-1　逆风行船实验装置及示意图

风实质上是空气分子的整体定向运动,风吹动船帆是空气分子连续撞击帆面造成的平均效果。假设空气分子与帆面的撞击是完全弹性碰撞,由于气体分子与船体质量悬殊,可近似认为撞击前后空气分子平行于帆面的速度分量不变,而垂直于帆面的速度分量反向。碰撞前后空气的分子动量的差值源自帆面对空气分子的作用力,由分析可知,该作用力垂直于帆面,即风力垂直于帆面。

　　船底设有龙骨,如图 1-10-2 所示,其作用是增大水对船体的侧向阻力,从而抵消船体所受侧向作用力,减少侧向运动。当帆面介于风向与龙骨方向(即船的前进方向)之间时,风对帆面的作用力 F 如图 1-10-2 所示。将风力 F 分解,可得到垂直于龙骨的力 F_1 和平行于龙骨的力 F_2。F_1 由水的阻力抵消,F_2 为行船提供动力。

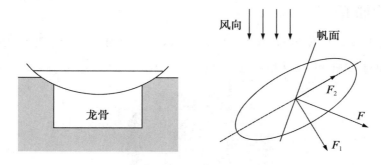

图 1-10-2　小船龙骨及受力分析

💡实验步骤

1.摆放好水槽与风扇的方位,打开风扇。

2.微调风扇,并观察水槽边上的小旗,将风向调到合适指向。

3.根据风向调整帆面角度,把帆船放入水中,观察帆船逆风前行的现象。

💡注意事项

1.注意使水面上方风的分布均匀,风力均匀,风向一致。

2.水面不宜过高,以免水溢出水槽。

💡实验思考

1.对于逆风行进的帆船,其运动轨迹是什么形状?

2.有没有可能使帆船正逆着风的方向前进?

🔧 1.11 离心力演示

💡实验导入

对物体运动的描述总是基于一个参照系,如果选定的参照系自身没有加速度,即参照系处于力学平衡状态,则称为惯性系。如果选定的参照系自身具有一定的加速度,则称为非惯性系。

💡实验目的

演示惯性离心力的存在,了解惯性离心力的作用。

💡实验原理

离心力演示实验装置如图 1-11-1 所示,主要由底部的电机和上部的弹性圆环构成,弹性圆环可由电机带动旋转。

图 1-11-1　离心力演示实验装置

在加速度为 a 的非惯性系中描述物体运动时,由于运动的相对性,在非惯性系中物体会表现出一个等大反向的加速度 $-a$。为了适应在惯性系中处理物体运动的思维习惯,人们假设物体的加速度 $-a$ 是由一个虚拟的力作用产生的,这个力称为惯性力。如果非惯性系本身做圆周运动,那么物体在非惯性系中表现出来的惯性力又称为惯性离心力或离心力。惯性离心力的作用方向总是使物体沿径向背离转轴,这也是离心力命名的由来。

在本实验中,选取做匀速圆周运动的弹性圆环为参照系,这个参照系是一个非惯性系。在这个非惯性系中,由于每个质元与旋转轴的间距不同,所以不同位置处的质元所受离心力的大小也不同。对于弹性圆环,赤道附近的质元速度大,因而离心力也大。同理,两极附近的质元速度小,因而离心力也小。由于离心力的方向总是沿径向背离转轴,如图 1-11-2 所示,当系统稳定时,圆环将变为一个赤道外鼓、两极内缩的椭圆。

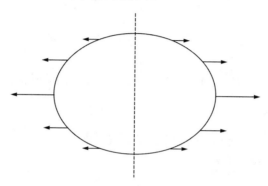

图 1-11-2　弹性圆环离心力示意图

💡实验步骤

1.确认弹性圆环与电机安装牢固,用玻璃罩将弹性圆环罩住。

2.接通电源,按下启动开关使圆环随电机转动,观察弹性圆环形状的变化。

3.改变转速,观察弹性圆环形状的变化。

💡注意事项

1.启动电机之前,用玻璃罩将弹性圆环罩住,实验过程中(弹性圆环处于转动状态)禁止打开玻璃罩。

2.避免长时间高速转动,防止弹性圆环过度形变。

💡实验思考

1.离心力有哪些应用?

2.离心力有哪些危害?

⚙ 1.12 转动液体内部压强分布

💡实验导入

类似于地球引力,在转动的液体中,离心力也可以产生压强。浮力其实就是液体对浸入其中物体的压力差。由于离心压强的存在,液体会在离心力的相反方向上形成离心浮力。

💡实验目的

演示离心力现象以及液体内部压强的分布,加深对惯性离心力的理解。

💡实验原理

转动液体内部压强分布实验装置及示意图如图 1-12-1 所示,主要由 V 形玻璃管、轻球、重球和转台等组成。

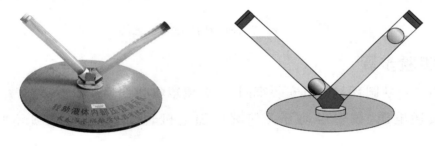

图 1-12-1　转动液体内部压强分布实验装置及示意图

本实验利用两个小球在玻璃管中的上升和下降来演示转动液体中物体所受离心力和液体内部压强的变化,重球的密度 ρ_1 大于水的密度,轻球的密度 ρ_2 小于水的密度。V 形管静止时,重球沉入水底,轻球浮在水面。V 形管转动时,选取水管作为参照系。

假设小球与转轴的距离为 r,V 形管转动的角速度为 ω,小球质量为 m,体积为 V,则小球受重力 mg 和水的浮力 $f = \rho_0 g V$,其中 ρ_0 是水的密度。此外,小球还受管壁的压力 N,这个力总是作用在竖直面内垂直于管壁的方向上,如图 1-12-2 所示。在所选非惯性参照系中,小球受到的惯性力为:

$$F = ma = mr\omega^2$$

所以液体在水平方向也会产生压强差,即产生浮力,且方向与惯性力相反,即水平指向转轴。类比静水中的浮力公式,水平方向的浮力为:

$$f' = \rho_0 a V$$

最终,在水平方向上,由非惯性系缘故产生的力为:

$$F_x' = ma - \rho_0 a V = aV(\rho - \rho_0)$$

这样,小球的受力可以简化为:重力 mg、浮力 $f = \rho_0 g V$、管壁压力 N 和非惯性系带来的额外的力 F_x',其中 F_x' 的方向由球和水的密度大小决定。如果球的密度大于水,则 F_x' 沿径向背离转轴,反之,F_x' 沿径向指向转轴。如图1-12-2所示,当球的密度小于水时,球会沿管向下运动;当球的密度大于水时,球会沿管向上运动。

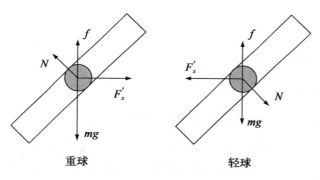

重球　　　　　　　　轻球

图 1-12-2　小球受力分析

💡实验步骤

1.向 V 形管内灌入适量的水,将两个小球放入管中。

2.水面静止时,观察 V 形管中两小球的位置。

3.打开电源,慢慢提升转速,观察两小球的运动情况。

4.慢慢减小转速,观察两小球的运动情况。

5.关闭电源,整理实验设备。

💡注意事项

1.加快转速的过程要缓慢,不要突然提速。

2.实验中要用塞子塞住玻璃管两端,避免水或球从管中飞出。

3.转速不宜过快,以免损坏仪器或者发生危险。

☀实验思考

1.如果小球的密度与水的密度相等,小球会怎样运动?

2.V 形管的转速对实验结果有什么影响?

✿ 1.13　科里奥利力

☀实验导入

处于非惯性系中的物体会受到惯性力的作用,非惯性系做圆周运动时惯性力即为离心力。若非惯性系中的物体相对参照系运动,物体的受力情况将如何?

☀实验目的

演示科里奥利力的作用。

☀实验原理

科里奥利力实验装置示意图如图 1-13-1 所示,主要由转台、导轨、金属小球和电控磁铁构成。导轨靠近转台边缘安装,为金属小球提供沿径向指向转轴的初速度。电控磁铁安装在导轨外侧,可以吸附或释放金属小球。

图 1-13-1　科里奥利力实验装置示意图

假设参照系 s′相对于惯性系 s 以角速度 ω 做匀角速度转动,两个参照系的坐标原点重合于 O 点,如图 1-13-2 所示。x、y、z 和 x'、y'、z'分别是参照系 s 和 s′的坐标轴,i、j、k 和 i'、j'、k'分别是参照系 s 和 s′坐标轴的单位矢量。

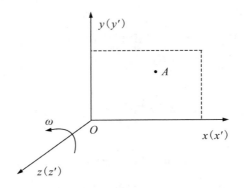

图 1-13-2　惯性系与非惯性系

若 A 点处质点 m 的位置矢量为 $\boldsymbol{r}$,在参照系 s 和 s′中可以分别表示为:

$$\boldsymbol{r}=x\boldsymbol{i}+y\boldsymbol{j}+z\boldsymbol{k}=x'\boldsymbol{i}'+y'\boldsymbol{j}'+z'\boldsymbol{k}'$$

质点 m 在惯性系中的运动速度为:

$$\boldsymbol{v}=\frac{\mathrm{d}\boldsymbol{r}}{\mathrm{d}t}$$

将 $\boldsymbol{v}$ 在参照系 s′中进行分解,得:

$$\boldsymbol{v}=\frac{\mathrm{d}x'}{\mathrm{d}t}\boldsymbol{i}'+\frac{\mathrm{d}y'}{\mathrm{d}t}\boldsymbol{j}'+x'\frac{\mathrm{d}\boldsymbol{i}'}{\mathrm{d}t}+y'\frac{\mathrm{d}\boldsymbol{j}'}{\mathrm{d}t}$$

在惯性系中,以角速度 $\boldsymbol{\omega}$ 转动的常矢量 $\boldsymbol{G}$ 对时间的变化率可以表示为:

$$\frac{\mathrm{d}\boldsymbol{G}}{\mathrm{d}t}=\boldsymbol{\omega}\times\boldsymbol{G}$$

由此可得:

$$\frac{\mathrm{d}\boldsymbol{i}'}{\mathrm{d}t}=\boldsymbol{\omega}\times\boldsymbol{i}'=\omega\boldsymbol{j}'$$

$$\frac{\mathrm{d}\boldsymbol{j}'}{\mathrm{d}t}=\boldsymbol{\omega}\times\boldsymbol{j}'=-\omega\boldsymbol{i}'$$

所以,质点的运动速度为:

$$\boldsymbol{v}=\boldsymbol{v}'+\boldsymbol{\omega}\times\boldsymbol{r}'$$

其中,$\boldsymbol{v}'$是质点在参照系 s′中的相对速度,$\boldsymbol{\omega}\times\boldsymbol{r}'$是牵连速度。可见,质点在惯性系中的速度等于其在非惯性系中的相对速度与牵连速度的矢量和。

质点的加速度为：

$$a = \frac{\mathrm{d}v}{\mathrm{d}t} = \frac{\mathrm{d}(v' + \boldsymbol{\omega} \times r')}{\mathrm{d}t}$$

整理得：

$$a = a' + 2\boldsymbol{\omega} \times v' - \omega^2 r'$$

从而得：

$$a' = a - 2\boldsymbol{\omega} \times v' + \omega^2 r'$$
$$ma' = ma - 2m\boldsymbol{\omega} \times v' + m\omega^2 r'$$

即在非惯性系中，运动的物体除受到实际存在的力 ma 和惯性离心力 $m\omega^2 r'$ 之外，还因物体相对非惯性系运动而受到力 $-2m\boldsymbol{\omega} \times v'$，这个力就是科里奥利力。科里奥利力总是垂直于 v' 和 $\boldsymbol{\omega}$ 构成的平面，所以科里奥利力不改变速度的大小，只改变速度的方向，即科里奥利力不做功。

在本实验中，转盘静止时释放小球，其运动轨迹将经过转盘的圆心。当转盘转动时，由于科里奥利力的存在，小球的运动轨迹将偏离转盘的圆心。

💡实验步骤

1.检查仪器，确保转盘能够平滑转动，电控磁铁能够吸附金属小球，导轨能够提供沿径向指向圆心的初速度。

2.用电控磁铁吸附小球，并在转盘静止时释放，观察小球的运动轨迹。

3.用电控磁铁吸附小球，顺时针转动转盘，并释放小球，观察小球的运动情况。

4.整理仪器，结束实验。

💡注意事项

1.转动转盘时不要太快，防止小球飞出转盘。

2.避免用手直接触碰转动的转盘，以防擦伤。

💡实验思考

1.假设河流流向自北向南，试用科里奥利力解释，南北半球的河流分别向哪个方向偏移。

2.生活中有哪些存在科里奥利力的例子？

⚙ 1.14　傅科摆

💡实验导入

1851 年，法国巴黎先贤祠的大厅里，让·傅科（Jean Foucault）在大厅的穹顶上悬挂了一条 67 m 长的绳索，绳索的下面是一个重达 28 kg 的摆锤，摆锤的下方是巨大的沙盘。每当摆锤经过沙盘上方时，摆锤上的指针就会在沙盘上留下运动的轨迹。按照日常的经验，摆锤应该在沙盘上来回画出一条直线。但是事实上，每经过一个周期的振荡，摆锤在沙盘上画出的轨迹都会偏离原来的轨迹。沙盘直径为 6 m，相邻两个轨迹之间相差 3 mm，这是为什么呢？

💡实验目的

演示傅科摆的实验现象，加深对科里奥利力的理解，验证地球自转。

💡实验原理

傅科摆实验装置及示意图如图 1-14-1 所示，主要由支架、细绳、摆锤、电磁铁和玻璃罩（有可打开的玻璃门）构成。

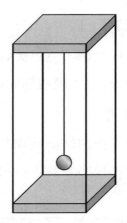

图 1-14-1　傅科摆实验装置及示意图

由于地球存在自转，所以严格来说大地是一个转动的非惯性系。物体在非惯性系中运动时会受到惯性力的作用，因此地表上的运动物体除受到惯性离心力以外，还会受到另外一个惯性力——科里奥利力。科里奥利力始终垂直于物体的运动速度方向,所以它只改变物体运动速度的方向,而不改变其大小。

在本实验中,摆锤的摆动平面在科里奥利力的作用下将发生旋转,且分析可知,其旋转方向在北半球为顺时针,在南半球为逆时针。一般来说,在大多数地区摆动平面旋转一周的周期较长,因此需要经过一段时间的摆动之后,才能观察到明显的实验现象。

特别指出,由于存在空气阻力、细绳摩擦力等因素,摆锤的机械能并不守恒。因此,实验中往往使用质量较大的摆锤,以维持较长时间的自由摆动。此外,可通过电磁铁对摆锤补能,以达到理想的实验效果。

💡实验步骤

1.将仪器放置在水平、稳定的台面上。

2.打开玻璃门,拉动摆锤使它偏离平衡位置一定距离并释放,观察并记录摆锤摆动的初始角度。

3.关上玻璃门,打开电磁铁电源,给摆锤补能。

4.在 2 h 内每 30 min 观察并记录一次摆锤的摆动角度。

5.关闭电源,整理仪器,结束实验。

💡注意事项

1.注意摆球的振幅不宜过大,以免损坏玻璃罩。

2.实验过程中,在非观察期间确保玻璃门处于关闭状态。

💡实验思考

1.摆锤摆动平面的转动周期和地球的纬度有关吗?

2.能否设计一种实验装置,可在较短时间内观察到明显的实验现象?

⚙ 1.15 弹簧振子的简谐振动

💡实验导入

诸如树梢在微风中的摆动、心脏的跳动、钟摆的摆动等,它们具有相同的特点,即物体在平衡位置附近做往复运动,这种运动叫作机械振动,通常简称振动。简谐振动是最基础、最简单的振动,一切振动都可以由若干频率不同的简谐振动叠加得到。

💡实验目的

了解简谐振动,验证弹簧振子周期与振子质量的关系。

💡实验原理

弹簧振子的简谐振动实验装置及示意图如图 1-15-1 所示,主要由支架、弹簧和砝码组成。图 1-15-1 中所示为竖直弹簧振子,是重力场中典型的谐振子。

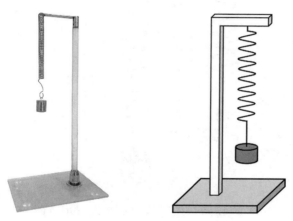

图 1-15-1　弹簧振子的简谐振动实验装置及示意图

砝码在平衡位置时所受合力为零,即弹簧的作用力与重力等大反向。若砝码偏离平衡位置,如图 1-15-2 所示,根据胡克定律,此时砝码所受合力为:

$$F = -kx$$

其中,k 为弹簧的劲度系数,x 为弹簧长度的变化量,负号表示力的方向与弹簧形变方向相反。

根据牛顿第二定律,砝码的动力学方程为:

$$m\frac{\mathrm{d}^2 x}{\mathrm{d}t^2} = -kx$$

取 $\omega = \sqrt{\dfrac{k}{m}}$,方程改写为:

$$\frac{\mathrm{d}^2 x}{\mathrm{d}t^2} + \omega^2 x = 0$$

解微分方程可得：

$$x = A\cos(\omega t + \varphi)$$

这就是弹簧谐振子的振动方程，其中 $\omega = \sqrt{\dfrac{k}{m}}$ 叫作谐振子的固有角频率，

$T = \dfrac{2\pi}{\omega} = 2\pi\sqrt{\dfrac{m}{k}}$ 叫作谐振子的固有周期。可见在劲度系数不变的情况下，谐振子的质量越大，固有周期越长，固有角频率越低。

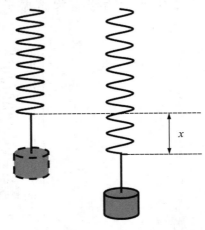

图 1-15-2　砝码偏离平衡位置示意图

☀实验步骤

1.将砝码挂在弹簧上，竖直向下拉动砝码，然后释放。

2.每次砝码降到最低点时，使用计时器记录时间。

3.多次测量，计算振子的周期。

4.增加砝码或者减少砝码，重复以上步骤。

5.验证周期与质量的关系：$\dfrac{T_1}{T_2} = \sqrt{\dfrac{m_1}{m_2}}$。

☀注意事项

1.尽量使弹簧振子在竖直方向振动。

2.砝码不宜过多，以免超过弹簧的弹性限度。

3.砝码不宜过少，以免振动过快，不易测定周期。

4.砝码偏离平衡位置不宜过大，以免引起振动不稳定。

5.实验结束后,将砝码取下收好,以免弹簧长时间负荷而发生疲劳变形。

💡**实验思考**

1.在本实验中,影响结果准确度的物理因素有哪些?

2.给定一个弹簧、一个砝码(质量已知)、一个计时秒表,自行设计实验方案,测量其他物体的质量。

⚙ 1.16　简谐振动合成

💡**实验导入**

在数学上,李萨如(Lissajous)曲线是两个相互垂直的正弦振动合成的轨迹。用物理的语言描述,李萨如图形就是两个相互垂直的简谐振动的叠加。

💡**实验目的**

了解李萨如图形,理解简谐振动的合成。

💡**实验原理**

简谐振动合成演示装置如图 1-16-1 所示,主要由控制面板、x 振动部分、y 振动部分、走纸部分及机后的调速机构组成。

图 1-16-1　简谐振动合成演示装置

假设 x 轴、y 轴方向分别存在一个角频率为 ω 的简谐振动,即:

$$x = A_x \cos(\omega t + \varphi_x)$$

$$y = A_y \cos(\omega t + \varphi_y)$$

且有一个质点同时参与上述两个振动,则该质点的运动轨迹方程为:

$$\frac{x^2}{A_x^2} + \frac{y^2}{A_y^2} - \frac{2xy}{A_x A_y} \cos(\varphi_y - \varphi_x) = \sin^2(\varphi_y - \varphi_x)$$

可以分为多种情况进行分析。

情况一:当 $\varphi_y - \varphi_x = 2k\pi (k = 0,1,2,\cdots)$ 时,方程化为:

$$\frac{x^2}{A_x^2} + \frac{y^2}{A_y^2} - \frac{2xy}{A_x A_y} = 0$$

即

$$y = \frac{A_y}{A_x} x$$

质点的运动轨迹是在第一象限和第三象限内的直线。

情况二:当 $\varphi_y - \varphi_x = (2k+1)\pi (k = 0,1,2,\cdots)$ 时,方程化为:

$$\frac{x^2}{A_x^2} + \frac{y^2}{A_y^2} + \frac{2xy}{A_x A_y} = 0$$

即

$$y = -\frac{A_y}{A_x} x$$

质点的运动轨迹是在第二象限和第四象限内的直线。

情况三:当 $\varphi_y - \varphi_x = (2k+1)\frac{\pi}{2} (k = 0,1,2,\cdots)$ 时,方程化为:

$$\frac{x^2}{A_x^2} + \frac{y^2}{A_y^2} = 1$$

质点的运动轨迹是以 x 轴、y 轴为轴的椭圆,按相位差分为顺时针或者逆时针。

情况四:当相位差为其他数值时,质点的运动轨迹是斜椭圆,即对称轴不在 x 轴、y 轴的椭圆。

当 x 轴、y 轴两个方向的简谐振动频率不同时,它们的合振动比较复杂,一般来说其运动轨迹是不稳定的。但是当两个振动的频率成整数比时,其合振动的轨迹是稳定的封闭曲线,称为李萨如图形。图 1-16-2 是振幅相等、初相为 0 的情况下,不同频率比的李萨如图形。

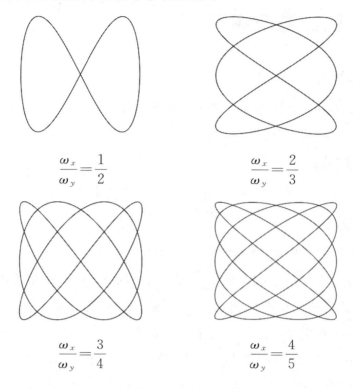

$$\frac{\omega_x}{\omega_y} = \frac{1}{2}$$

$$\frac{\omega_x}{\omega_y} = \frac{2}{3}$$

$$\frac{\omega_x}{\omega_y} = \frac{3}{4}$$

$$\frac{\omega_x}{\omega_y} = \frac{4}{5}$$

图 1-16-2   不同频率比的李萨如图形

实验步骤

1.打开走纸开关,把没有用过的坐标纸部分移到画图区域。

2.关闭走纸开关,固定好画笔,打开 x、y 振动,观察画出的李萨如图形。

3.调整仪器背后的齿轮比,重复以上步骤,观察不同频率比的李萨如图形。

注意事项

1.调节变速齿轮比时,动作要轻,避免损坏仪器。

2.仪器画图时不可调整齿轮比。

3.建议选取简单的频率整数比,以获得更好的演示效果。

实验思考

1.李萨如图形有哪些应用?

2.设计实验方案,测定一个未知的振动频率。

⚙ 1.17 弦线驻波演示

💡实验导入

驻波广泛存在于各种振动现象中,如弦乐器、管乐器、打击乐器等,很多乐器的发声原理正是基于驻波的传播。

💡实验目的

观察固定端反射驻波的现象,了解驻波的特点以及形成条件。

💡实验原理

弦线驻波演示实验装置如图 1-17-1 所示,主要由信号发生器、信号线、扬声器、弦线、固定端和振动端构成。信号发生器可产生并放大指定频率与幅度的电信号,用于驱动大功率扬声器。固定端安装于信号发生器之上,振动端安装于扬声器振动面之上,弦线安装于固定端与振动端之间。在电信号的激励下,扬声器的振动面做与电信号同频率的振动,且其振幅正比于电信号的幅度。在扬声器的带动下,振动端产生同频同振幅的振动,从而带动弦线振动产生机械波。

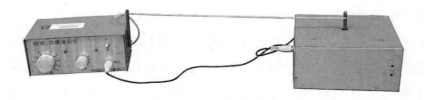

图 1-17-1 弦线驻波演示实验装置

弦线上的波由振动端向固定端传播时,在固定端发生入射波的反射,且反射波与入射波频率相同、振动方向相同、振幅相等、传播方向相反。像这种同一媒质中两列频率相同、振动方向相同、振幅相等的简谐波,在同一直线上反向传播时,会叠加形成驻波。弦线驻波演示实验示意图如图 1-17-2 所示。

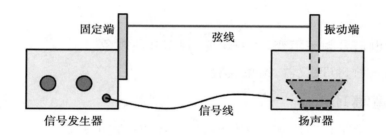

图 1-17-2　弦线驻波演示实验示意图

取弦线为 x 轴,振动方向为 y 轴,入射波 y_1 的频率为 ω、振幅为 A,那么反射波 y_2 的频率和振幅也分别为 ω 和 A。它们随时间 t 的振动方程分别为:

$$y_1 = A\cos\left(\omega t - \frac{2\pi}{\lambda}x + \varphi_1\right)$$

$$y_2 = A\cos\left(\omega t + \frac{2\pi}{\lambda}x + \varphi_2\right)$$

其中,φ_1 和 φ_2 分别是入射波和反射波的初相。

当两列波相遇时,对于弦线上 x 位置处的质元,其合振动是分别在两列波中振动的叠加,即:

$$y = y_1 + y_2 = 2A\cos\left(\frac{2\pi}{\lambda}x + \frac{\varphi_2 - \varphi_1}{2}\right)\cos\left(\omega t + \frac{\varphi_2 + \varphi_1}{2}\right)$$

可以看出,振动叠加后弦线上的质元仍然做简谐振动,且频率仍为 ω。但是,对处于不同位置处的质元,其振幅大小是不一样的,振幅最大为 $2A$,最小为 0。我们把振幅最大的点称为波腹,把振幅最小的点称为波节。从振幅的形式可以看出,相邻的波腹与波节之间相差 $\lambda/4$ 的距离,而相邻的波腹与波腹或相邻的波节与波节之间都相差 $\lambda/2$ 的距离。在相邻两波节之间,各质元的运动方向相同,而在波节两侧,各质元的运动方向相反。

💡实验步骤

1.调节振动端和固定端之间的距离,使弦线平直。

2.将信号发生器的频率调节旋钮与幅值调节旋钮调到数值最小处,打开电源。

3.适当增大电信号幅值并调节频率,直到弦线上出现稳定的驻波。

4.保持电信号幅值不变,改变频率,观察驻波现象(注意波腹与波节的数量)。

5.保持电信号频率不变,改变幅值,观察驻波现象。

6.关闭电源,整理仪器,结束实验。

注意事项

1.调节频率旋钮时应该动作缓慢,以便形成稳定的驻波。

2.电信号的幅值不宜过高,每次调节时,变化不宜过大。

3.为达到最佳效果,频率与幅值需要交替调节、缓慢调节。

实验思考

1.产生稳定的驻波后,移动振动端改变两端之间的距离,还能形成稳定的驻波吗?

2.在本实验中,弦线的长度与波长满足什么关系时才能形成稳定的驻波?

3.驻波有哪些应用?

4.设计实验方案,利用驻波测量波长与波速。

1.18 多普勒效应

实验导入

对于静止的观察者,当汽车驶近时鸣笛声音调会变高,当汽车远离时鸣笛声音调会变低,这种现象称为多普勒效应。在日常生活中,多普勒效应被广泛应用于科学研究、工程技术、医疗诊断和气象预报等多个领域。

实验目的

演示波源相对于观察者运动时的多普勒现象,了解多普勒效应。

实验原理

蜂鸣器实验装置如图1-18-1所示。多普勒效应演示实验示意图如图1-18-2所示,细绳的一端系有电子蜂鸣器,实验者手持细绳另一端并挥动,使蜂鸣器做圆周运动。其他实验者保持位置不变,观测蜂鸣器音调的变化。

图 1-18-1　蜂鸣器实验装置

图 1-18-2　多普勒效应演示实验示意图

多普勒效应指出：当观察者与波源相互靠近时，接收到的频率大于发射的频率；当观察者与波源相互远离时，接收到的频率小于发射的频率。

情况一：若观察者以速度 $v_\circ$ 相对于静止的波源运动，假设波速为 v，则单位时间内，观察者与波的相对位移为 $v + v_\circ$。单位时间内，观察者接收到完整的波的数目就相当于波的频率，即：

$$f = \frac{v + v_\circ}{\lambda_0} = \frac{v + v_\circ}{\dfrac{v}{f_\circ}} = \left(1 + \frac{v_\circ}{v}\right) f_\circ$$

其中，$\lambda_\circ$ 和 $f_\circ$ 分别是波的波长与频率。

观察者向波源运动时，$v_\circ$ 为正值，此时接收到的频率大于静止时的频率。观察者背离波源运动时，$v_\circ$ 为负值，此时接收到的频率小于静止时的频率。

情况二：若波源以速度 v_s 向静止的观察者运动，则波源发出相邻两个波时的位置是不同的。发出后一个波时，波源前进了 $v_s T_0$ 段距离，相当于波长缩短了 $v_s T_0$，即：

$$\lambda = \lambda_0 - v_s T_0$$

其中，$T_\circ$ 是波源的周期。此时，观察到的波的频率为：

$$f = \frac{v}{\lambda} = \frac{v}{\lambda_0 - v_s T_0} = \frac{v}{v - v_s} f_\circ = \frac{1}{1 - \dfrac{v_s}{v}} f_\circ$$

当波源向观察者运动时，v_s 为正值；当波源背离观察者运动时，v_s 为负值。

情况三：当观察者与波源同时运动时，有：

$$f = \frac{1 + \dfrac{v_\circ}{v}}{1 - \dfrac{v_s}{v}} f_\circ$$

其中,观察者向波源运动时,$v_\circ$ 为正值,反之为负值;波源向观察者运动时,v_s 为正值,反之为负值。

💡实验步骤

1.检查蜂鸣器与细绳是否可靠固定。

2.打开蜂鸣器,由一位实验者挥动细绳,使蜂鸣器在空中做圆周运动,其他实验者观测蜂鸣器的音调变化。

3.改变蜂鸣器的运动速度,观测蜂鸣器的音调变化。

💡注意事项

1.检查实验装置是否牢靠,避免误伤实验人员。

2.挥动蜂鸣器时,蜂鸣器的运动速度不宜过大,以免发生危险。

3.实验结束后,及时关闭蜂鸣器的电源,并取出干电池。

💡实验思考

1.查阅资料,看一下电磁波的多普勒效应公式是什么样的。

2.多普勒效应有哪些具体应用?

⚙ 1.19 喷水鱼洗

💡实验导入

洗在古代是盆的意思,底部刻有鱼纹的叫作鱼洗,刻有龙纹的叫作龙洗。用手摩擦洗的双耳处(即把手),鱼嘴或者龙嘴处会有水花飞溅,同时盆会发出嗡鸣声。

💡实验目的

通过演示鱼洗振动时水花飞溅的现象,加深对驻波和共振的理解。

💡实验原理

喷水鱼洗实验装置如图 1-19-1 所示,用手摩擦盆的双耳时,会提供一个周期性的外力,迫使盆壁发生振动,这个力称为策动力。当策动力的频率与盆的固有频率相等或很相近时,盆的振幅最大,即产生了共振。由于盆体的限制,振动形成的波不能往外界传播,于是在盆壁上形成了入射波与反射波的叠加,即形成了驻波。驻波波腹不断拍击盆中的水,使水飞溅。古人将鱼嘴刻在波腹处,这样水花就像从鱼嘴中喷出来一样。

图 1-19-1　喷水鱼洗实验装置

以鱼洗双耳的连线为 x 轴,把原点定在盆的中心处,建立平面直角坐标系。当双手比较松弛且有规律地摩擦鱼洗双耳时,手的摩擦力会使盆体产生对 x 轴和 y 轴反对称的振动形态,如图 1-19-2 所示。此时出现 4 个波腹,波腹处出现跳水现象,同时盆体产生嗡鸣声。

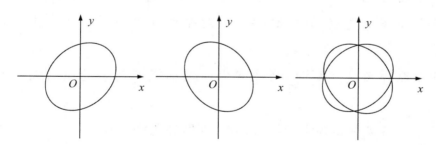

图 1-19-2　鱼洗出现 4 个波腹

若绷紧双手,同向地摩擦双耳,手的摩擦力容易使盆产生对 x 轴反对称、y 轴轴对称的振动形态,如图 1-19-3 所示。此时形成 6 个波腹,波腹处出现跳水现象。

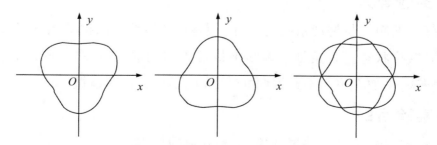

图 1-19-3　鱼洗出现 6 个波腹

若双手再绷紧,盆体可能会出现 8 个波腹、10 个波腹等,跳水的产生与手的张弛和盆的均匀度有关。

☀实验步骤

1.将鱼洗放置在稳定、水平的台面上,并注水至半满。

2.蘸水擦拭手掌掌面与鱼洗的双耳,洗掉可能存在的油脂,以增大摩擦力。

3.掌面蘸少许水,用手心摩擦鱼洗的双耳,观察水飞溅的情况。

4.改变手的松弛度和摩擦的力度,观察水飞溅的情况。

5.实验结束,倒掉鱼洗内的水。

☀注意事项

1.实验时需耐心尝试,不宜急躁。

2.双手同步摩擦,速度不宜过快,力度不宜过大。

3.效果不好时,将手洗干净或者在手上蘸些水。

☀实验思考

1.手掌摩擦鱼洗双耳时,摩擦产生的振动频率与手的运动快慢有什么关系?

2.手掌摩擦鱼洗双耳时,摩擦产生的振动幅度与手的压力大小有什么关系?

3.为了更容易观察到实验效果,应如何摩擦鱼洗双耳?

⚙ 1.20 受迫振动

☀实验导入

当外力的频率与物理系统的固有频率相等时,系统的振动幅度最大,此时系统达到共振状态。共振是物理学中最常用的词汇之一,在不同的分支中有不同的叫法,例如在声学中共振叫共鸣,在电学中共振叫谐振。

☀实验目的

演示受迫振动,观察共振现象,了解共振的作用。

💡实验原理

受迫振动实验装置及示意图如图 1-20-1 所示,主要由支架、弹簧(两个)、振子、电机(位于控制器背面)及控制器构成。两个弹簧各有一端固定于振子相对的两侧,另一端分别固定于底座和由电机带动的横杆上。安装完毕后,弹簧与振子竖直对齐。横杆由电机驱动,可在垂直方向做往复运动。控制器面板上设有调速旋钮与显示窗口,用于控制并显示电机转速。

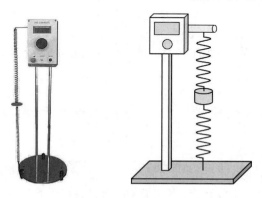

图 1-20-1　受迫振动实验装置及示意图

物体在强迫力作用下的振动称为受迫振动。对于弹簧振子,其强迫力的形式可写为:

$$F = F_e \cos(\omega_e t)$$

弹簧的动力学方程为:

$$m \frac{\mathrm{d}^2 x}{\mathrm{d}t^2} = -kx - \gamma \frac{\mathrm{d}x}{\mathrm{d}t} + F_e \cos(\omega_e t)$$

其中,m 是振子的质量,k 是弹簧的劲度系数,γ 是阻尼系数。

改写后方程变为:

$$\frac{\mathrm{d}^2 x}{\mathrm{d}t^2} + 2\delta \frac{\mathrm{d}x}{\mathrm{d}t} + \omega_0^2 x = \alpha \cos(\omega_e t)$$

其中,$2\delta = \dfrac{\gamma}{m}$,$\omega_0 = \sqrt{\dfrac{k}{m}}$,$\alpha = \dfrac{F_e}{m}$。

常微分方程的通解为:

$$x = A_0 e^{-\delta t} \cos(\omega t + \varphi_0) + B \cos(\omega_e t + \varphi_e)$$

其中,第一项是欠阻尼振动的解,经过足够长的时间后,将趋于 0。第二项的振动频率与外力的频率一致,即经过足够长的时间后,振子的振动频率将与周期性外力的频率一致。此时,振子的振幅为:

$$B = \frac{\alpha}{\sqrt{(\omega_0^2 - \omega_e^2)^2 + 4\delta^2\omega_e^2}}$$

所以当 $\omega_e = \omega_0$ 时,振幅最大,即:

$$B_{\max} = \frac{\alpha}{2\delta\omega_e}$$

即外力的频率与系统固有频率一致时,系统振幅最大,发生共振。

💡实验步骤

1. 将受迫振动演示仪放置在水平、稳定的台面上,将调速旋钮调至转速最小处,接通电源。

2. 安装弹簧、振子等部件,确保弹簧与振子竖直对齐。

3. 打开电源开关,缓慢转动调速旋钮,并观察振子的运动情况。

4. 当转速由小增大,到达某一数值时,振子的振幅达到最大值,记录此时的转速。若继续增大转速,振子的振幅将减小。

5. 减小转速,观察振子的运动情况。

6. 将转速调至零,关闭仪器电源,将弹簧与振子取下收好,整理实验仪器,结束实验。

💡注意事项

1. 弹簧比较柔软,注意防止弹簧缠绕。

2. 达到共振后,可继续增加转速,观察振子的运动情况。但电机转速不宜过高,以免损坏仪器。

3. 实验结束后,应取下弹簧与振子,防止弹簧因长时间被振子牵拉而发生形变。

💡实验思考

1. 共振有哪些应用和危害?

2. 如何防止共振带来的危害?

💡 1.21 伯努利效应

🔆实验导入

火车经过月台或进站前,广播会提醒乘客远离地面黄色区域,其原因是什么？若乘客停留在黄色区域,会发生什么危险？

🔆实验目的

演示气体流速与压强的关系,定性验证伯努利原理。

🔆实验原理

伯努利效应实验装置如图 1-21-1 所示,主要由乒乓球和风机组成。风机上有调速旋钮,可调节喷嘴喷出气流的流速。把乒乓球放在喷嘴上,然后打开电源,可以看到乒乓球在喷嘴上方漂浮并水平晃动。

图 1-21-1　伯努利效应实验装置

这个现象可以由伯努利原理解释:当流体流速加快时,物体与流体接触界面上的压力会减小,反之压力会增大。

如图 1-21-2(a)所示,由于气流的不稳定性,当小球运动到气流边缘时,外面的空气流速低、压强大,里面的空气流速高、压强小,小球在压强差的作用下回到气流中。在自身重力、空气冲击力和气压梯度力的作用下,小球将维持在一定高度并来回晃动。

如果慢慢地将风机倾斜一定角度,如图 1-21-2(b)所示,此时气流从小球的斜下方喷出。小球在重力作用下降落到气流边缘时,外面的空气流速低、压强大,里面的空气流速高、压强小,小球会受到斜向上的气压梯度力 F' 和斜向上的气流冲击力 F。在重力 G、气流冲击力 F 和气压梯度力 F' 的作用下,小球将维持在一定高度并来回晃动。

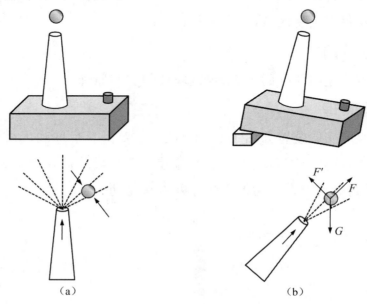

（a）　　　　　　　　　（b）

图 1-21-2　小球受力示意图

💡实验步骤

1.把乒乓球放在喷气嘴上,连接电源。

2.打开电源开关,观察乒乓球的运动状态。

3.改变风速,观察乒乓球的运动状态。

4.利用垫块稍微倾斜风机,重复步骤 2 和步骤 3。

💡注意事项

1.开机前把调速旋钮调到风速最小位置。

2.增加垫块时需缓慢倾斜风机。

💡实验思考

1.飞机为什么能够飞起来?

2.如何利用伯努利方程来解释本实验?

⚙ 1.22　虹吸现象

💡实验导入

中国古代有一种酒杯叫公道杯,当杯中的酒不满时,杯子滴酒不漏,若贪婪之人把酒倒满,杯中的酒就会从底部全部漏光,这种酒杯就是利用虹吸现象制成的。

💡实验目的

演示虹吸现象,加深对伯努利方程的理解。

💡实验原理

虹吸现象示意图如图 1-22-1 所示,有一根充满水的导管,且导管的一端插入装有水的容器中。当导管另一端的高度低于容器中的液面时,容器中的水就能越过导管上升的部分,从导管中流出来。

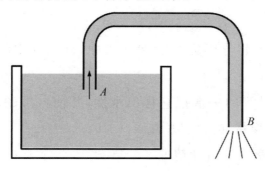

图 1-22-1　虹吸现象示意图

阻碍流体中不同部分相互运动的力称为黏滞力。水、空气等常见流体的黏滞力都很小,可将其看作理想模型,即内部不存在黏滞力的理想流体。理想流体满足伯努利方程,即:

$$\frac{1}{2}\rho v^2 + \rho gh + p = 常数$$

其中,ρ 表示流体密度,v 表示流体某点的流速,h 表示该点的高度,p 表示该点的压强。

在图 1-22-1 中,若将水视为理想流体,且用下标 A 表示导管端口 A 处流

体的物理量,用下标 B 表示导管端口 B 处流体的物理量,则水的伯努利方程为:

$$\frac{1}{2}\rho v_A^2 + \rho g h_A + p_A = \frac{1}{2}\rho v_B^2 + \rho g h_B + p_B$$

在端口 A、端口 B 处,水直接和大气相连,因此两处的压强都等于大气压强 p_0。在端口 A 处,水的流速接近为 0,若以此端的高度为参考,即令 $h_A=0$,则水的伯努利方程可改写为:

$$p_0 = \frac{1}{2}\rho v_B^2 + \rho g h_B + p_0$$

则端口 B 处水的流速为:

$$v_B = \sqrt{-2gh_B}$$

可见,当容器外的导管端口(端口 B)高度低于容器内的导管端口(端口 A)时(即 $h_B<0$),容器内的水可从导管流出,并且流速与端口 A、B 间的相对高度有关。

☀实验步骤

1.向容器中注水,将导管完全浸泡在水中,排除其中的空气,使导管内充满水。

2.用手指堵住导管的一端把它移出水面,并使该端的高度低于容器中的液面,导管的另一端保持在液面以下。

3.松开手指,观察水的流动情况。

4.改变导管两端端口的相对高度,观察水的流动情况。

☀注意事项

1.容器的材质为玻璃,实验过程中注意保护实验仪器。

2.将导管中流出的水导入水桶中,禁止随意喷洒。

☀实验思考

1.根据自己的理解,画出公道杯的截面图。

2.如果没有大气压力,虹吸现象还能发生吗?

🔧 1.23　弹簧的串联与并联

💡实验导入

在电学中,电阻和电容都有串联和并联两种基本连接方式。串联电阻阻值等于各电阻阻值之和,并联电阻阻值的倒数等于各电阻阻值的倒数之和;电容的串并联情况则刚好相反。在力学中,弹簧的串并联会有怎样的结果?

💡实验目的

探究弹簧的串并联规律。

💡实验原理

弹簧串并联实验装置如图 1-23-1 所示,主要包含弹簧和砝码等部分。

图 1-23-1　弹簧串并联实验装置

胡克定律(Hooke's Law)指出,在弹性限度内,弹簧的弹力与其形变量成正比,即:

$$F = -k\Delta x$$

其中,比例系数 k 称为弹簧的劲度系数或倔强系数,负号表示弹力方向与形变方向相反。

将两个劲度系数分别为 k_1 和 k_2 的弹簧首尾相接,用力拉动,使两个弹簧伸长 l,若劲度系数为 k_1 和 k_2 的弹簧伸长量分别为 Δx_1 和 Δx_2,则:

$$l = \Delta x_1 + \Delta x_2$$

设串联之后弹簧的劲度系数为 k,由于两个弹簧受力相同,所以有:

$$kl = k_1 \Delta x_1 = k_2 \Delta x_2 = F$$

即：

$$\frac{1}{k} = \frac{1}{k_1} + \frac{1}{k_2}$$

当上述两个弹簧并联时，其伸长量保持一致，所以有：

$$k \Delta x = k_1 \Delta x + k_2 \Delta x$$

即：

$$k = k_1 + k_2$$

综上不难看出，弹簧的串并联规律与电容类似。

实验步骤

1.将两个弹簧串联，在未挂接砝码时测量其初始长度。

2.在串联弹簧下端挂接一定重量的砝码，并测量弹簧的长度。

3.改变砝码的数量，多次测量，计算串联劲度系数并验证串联规律的正确性。

4.将两个弹簧并联，重复以上步骤。

5.实验完毕，整理实验仪器。

注意事项

1.操作时应避免过度拉伸弹簧，使其超过弹性形变范围，造成损坏。

2.改变砝码数量时要逐一增减，防止弹簧因拉力突变而回弹伤人。

实验思考

1.一个劲度系数为 k 的弹簧，把它分别截成原长的 $1/2$、$1/3$ 和 $1/4$，新截出来的小弹簧劲度系数如何？

2.多个弹簧串并联时，如何快速计算等效弹簧的劲度系数？

1.24 最速降线

实验导入

忽略阻力和摩擦力，质点只在重力的作用下由静止沿任意轨迹下降，其中质点下降最快的轨迹称为最速降线（Brachistochrone）。"最速降线"问题是数学史上著名的问题,对于它的研究促进了微积分学中变分法的发明,也推动了物理问题数学化解法的发展。关于最速降线,牛顿、伯努利、莱布尼茨、洛必达等人都给出并证明了:最速降线应当是摆线。

实验目的

探究质点在不同形状轨道上下降的情况,了解最速降线,体会数学在物理问题上的应用。

实验原理

最速降线实验装置如图 1-24-1 所示,主要由均质小球(3 个)和导轨组成。3 个均质小球的外形和尺寸完全相同,且忽略其所受空气阻力等因素。导轨提供 3 条路径,供小球沿之滚动下降;最上方设有同步释放器,释放时,3 个小球同时从相同高度开始下降。

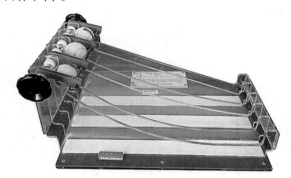

图 1-24-1　最速降线实验装置

根据常识我们知道,两点之间线段最短。然而在重力场中,质点由静止沿倾斜轨道下降时,两点间的线段却不是下降最快的路径。这是因为线段不够"陡峭",即质点的加速度小,而增大轨道的"倾斜程度"势必会增加路线的长度。综合考虑加速度与路线长度,可以预想:质点下降最快的路径应是一段平滑曲线。甚至曲线中的一部分可以低于终点,以获得较大的加速度,抵消路线长度的增加。

假设一质点在重力作用下沿轨道从 O 点下降至 A 点,如图 1-24-2 所示。若质点运动到某处时的速率为 v、高度为 y,根据机械能守恒有:

$$v = \sqrt{2gy}$$

且在此处有：

$$\mathrm{d}s = \sqrt{\mathrm{d}x^2 + \mathrm{d}y^2} = \sqrt{1 + y'^2}\,\mathrm{d}x$$

$$v = \frac{\mathrm{d}s}{\mathrm{d}t} = \frac{\sqrt{1 + y'^2}\,\mathrm{d}x}{\mathrm{d}t}$$

所以有：

$$\mathrm{d}t = \frac{\mathrm{d}s}{v} = \frac{\sqrt{1 + y'^2}}{\sqrt{2gy}}\,\mathrm{d}x$$

小球的下降时间为：

$$T = \int \mathrm{d}t = \int_0^{x_A} \frac{\sqrt{1 + y'^2}}{\sqrt{2gy}}\,\mathrm{d}x$$

初始条件为 $x = 0$ 时，$y = 0$；$x = x_A$ 时，$y = y_A$。最速降线对应下降时间 T 的最小值，解方程得：

$$\begin{cases} x = R(t - \sin t) \\ y = R(1 - \cos t) \end{cases}$$

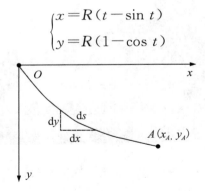

图 1-24-2　质点运动分析

分析可知，此为摆线，又称旋轮线。如图 1-24-3 所示，假设在 xOy 平面内有一沿 x 轴做纯滚动的圆（即旋轮），且圆上有一个初始位置与原点重合的 P 点，则在圆滚动过程中，P 点的轨迹就是旋轮线。

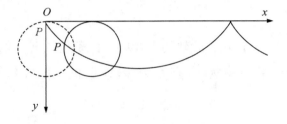

图 1-24-3　旋轮线

实验步骤

1.将演示装置放在水平的台面上。

2.用同步释放器将 3 个小球分别限定在 3 条轨道上，微调释放器，确保小球高度一致。

3.快速释放，让 3 个小球同时从相同高度下降，观察小球的下降速度和运动情况。

注意事项

1.实验前应先调整实验仪器底座水平、稳定。

2.同步释放器的挡杆禁止扭动，抬起、落下挡杆时应两端同时操作，轻拿轻放。

3.实验完毕后，放平挡杆，将小球置于轨道最低处。

实验思考

1.你认为可以怎样描述一段任意的曲线？

2.如果要求曲线的最低点不能低于终点，这种情况下的最速降线应当是怎样的？如果对路径长度加以限制，或考虑到滑动摩擦力，最速降线又将是怎样的？

3.能否给出一种通用的方法，求解在给定限制条件下的最速降线？

1.25　悬链线

实验导入

如悬索桥、架空电缆等，都是生活中经常见到的悬链线，从外表看，它们很像抛物线，但克里斯蒂安·惠更斯(Christiaan Huygens)利用物理的方法证明了悬链线不是抛物线，而是一种其他性质的曲线。后来，约翰·伯努利解出了悬链线的方程。

实验目的

演示悬链线的形状与链的线密度无关。

实验原理

悬链线实验装置如图 1-25-1 所示，玻璃板上有两个高度相同的悬挂点，其间挂有柔性链。

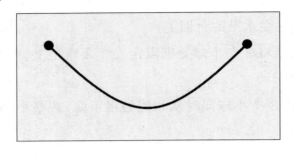

图 1-25-1　悬链线实验装置

　　以悬链最低点为原点建立坐标系，取悬链的一侧作为研究对象，如图 1-25-2 所示。由于链上的力总是沿着链的切线方向，所以在最低点 O 处，链上的拉力 T_O 水平向左。另取悬链线上一点 P，则该点处链上拉力 T 沿切线向上，OP 段悬链在拉力 T_O、拉力 T 以及重力 mg 的作用下处于平衡状态。假设悬链的线密度（即单位长度悬链的质量）为 λ，OP 段悬链长为 s，那么 OP 段悬链的重力大小为：

$$mg = s\lambda g$$

　　设水平拉力 T_O 和单位长度悬链所受重力之间的比例系数为 α，拉力与水平方向夹角为 θ，则水平拉力 T_O 可以表示为：

$$T_O = \alpha\lambda g$$

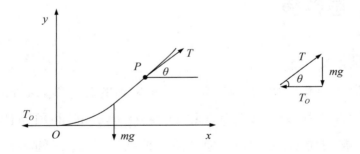

图 1-25-2　悬链受力分析

　　在重力 mg、水平拉力 T_O 和 P 点处拉力 T 构成的矢量三角形中，有：

$$T = \sqrt{T_O^2 + (mg)^2} = \sqrt{s^2 + \alpha^2}\,\lambda g$$

$$\tan\theta = \frac{s\lambda g}{\alpha\lambda g} = \frac{s}{\alpha}$$

从数学上看,夹角 θ 是曲线上 P 点处切线的倾斜角,其正切值等于该处的导数值,即:

$$\tan\theta = \frac{\mathrm{d}y}{\mathrm{d}x}$$

在 P 点附近,对曲线做微分,有:

$$(\mathrm{d}s)^2 = (\mathrm{d}x)^2 + (\mathrm{d}y)^2$$

所以有:

$$\frac{\mathrm{d}y}{\mathrm{d}x} = \frac{[(\mathrm{d}s)^2 - (\mathrm{d}x)^2]^{\frac{1}{2}}}{\mathrm{d}x} = \frac{s}{\alpha}$$

整理可得悬链线方程为:

$$y = \alpha\left[\cosh\left(\frac{x}{\alpha}\right) - 1\right]$$

可以看出,悬链线的形状与线密度 λ 没有关系,链上任意一点处的张力为:

$$T = \sqrt{T_O^2 + s^2\lambda^2 g^2} = \sqrt{\alpha^2 + s^2}\,\lambda g = \alpha\lambda g\cosh\left(\frac{x}{\alpha}\right)$$

而且在悬链线上任意一点处,张力的水平分量总是:

$$T_x = \alpha\lambda g = T_O$$

实验步骤

取两根长度一样、材质不同的柔性链,分别悬挂在玻璃板两侧,使其自然下垂,观察它们的形状是否一致。

注意事项

操作时应保证悬挂点之间的悬链长度相等。

实验思考

将两条材质不同、长为 l 的柔性链接在一起,悬挂起来后,其形状与长为 $2l$ 的匀质柔性链是否一致?

⚙ 1.26 超声雾化

💡实验导入

蝙蝠的喉咙可以发出一种人类听不到的高频声波,即超声波,它们通过接收障碍物反射回来的声波辨别方向,从而捕捉猎物,而且不同蝙蝠在同一片空域飞行时不会相互干扰。在自然界中,鲸和海豚也利用超声波进行定位和捕猎。

💡实验目的

演示超声波雾化的作用,了解超声波的应用。

💡实验原理

超声雾化演示装置如图 1-26-1 所示,主要由莲花摆台与超声雾化器件构成。莲花摆台的材质为陶瓷,其上方为莲花景观造型,下方为小水池。超声雾化器件置于水池内,接通电源后,有雾气弥漫而出,宛如仙境。

图 1-26-1　超声雾化演示装置

人的听觉频率范围为 $20 \sim 20000$ Hz,频率高于 20000 Hz 的声波称为超声波,频率低于 20 Hz 的声波称为次声波。

超声波的频率较高,波长很短,因而具有以下特性:

（1）衍射性差。障碍物的尺寸通常是超声波波长的很多倍，当超声波遇到这些障碍物时，其衍射性很差。因此在均匀介质中，超声波沿直线传播。

（2）功率大。声波是机械纵波，在空气中传播时，会推动空气分子往复运动，对空气分子做功。在相同的振动强度下，声波的频率越高，单位时间内对空气分子做功越多，功率越大。

（3）空化作用。高频大功率的超声波可以在液体中引起空化作用。超声波推动液体的质点往复运动，引起质点分布的疏密变化，使液体产生伸缩形变的趋势。液体承受拉力的能力很差，在强拉力的作用下，质点分布稀疏的区域会断裂，产生近似真空的空穴。在下半个振动周期内空穴被压缩，空穴内的压强会达到大气压强的几万倍，空穴发生崩溃。伴随压力的巨大突变，会产生局部高温。

本实验就是基于超声波的空化作用来设计的。超声雾化器件的核心是一个与高频振荡电路相连的凹球面形压电陶瓷片，在两极施加高频振荡信号时，根据逆压电效应，压电陶瓷片将产生同频率的机械振动。压电陶瓷片的径向振动会在水中激起超声水波，由于陶瓷片的振动面是一个凹球面，所以超声水波是球面汇聚波。如果使该球面的球心在水面附近，那么汇聚的超声波就能使水面隆起，并把水面附近的水打碎成细小液滴，形成喷射状的水雾。

💡实验步骤

1.将超声雾化器件放在水池中，向水池中倒入清水没过器件。

2.开启电源，观察超声雾化现象。

3.关闭电源，倒出水池中的水，整理实验仪器，结束实验。

💡注意事项

1.开启激励源的电源之前首先把压电陶瓷片放在水中。

2.确保水面没过超声雾化器件。

💡实验思考

1.假设蚊子的尺寸为 1 mm，请据此判断，蝙蝠发出超声波的频率大概为多少？

2.超声波有哪些应用？

2 电磁学篇

2.1 摩擦起电

实验导入

用木块摩擦过的琥珀能够吸引草屑等轻小物体,这种现象叫作摩擦起电。生活中摩擦无处不在,由此带来的静电危害也很多。人们在汲取了许多惨痛的教训后,创造出许多避免静电危害的设计,例如飞机的导电橡胶轮胎、油罐车的接地铁链、轿车的静电消除器等。

实验目的

演示摩擦起电的现象。

实验原理

摩擦起电实验装置如图 2-1-1 所示,主要有验电器、玻璃棒和丝绸布三部分。此外,可以自行准备一些碎纸屑,用于验证摩擦起电。当被测物体接触验电器上的球形导体时,物体上的电荷将会传导到验电器玻璃钟罩内的箔片上。由于同种电荷相互排斥,箔片将分开,并且电量越大,箔片分开的角度越大。根据箔片是否分开可以检测物体是否带电,根据箔片分开角度的大小可以粗略检测物体带电量的多少。

物质是由分子、原子构成的,原子又由带正电的原子核和带负电的核外电子构成。原子核中有质子与中子,中子不带电,质子带正电,且质子所带电量的绝对值与电子所带电量的绝对值相等。在正常情况下,物体内的正、负电荷量数值相等,物体对外呈电中性。当物体相互摩擦时,一些电子会脱离原子核的束缚。由于不同物体中原子核对电子的束缚能力不同,束缚能力强的物体将俘获更多的电子,宏观上表现为一种物体中的电子"跑"到另一种物体上。

图 2-1-1　摩擦起电实验装置

人们规定,用丝绸摩擦过的玻璃棒所带的电荷为正电荷,用毛皮摩擦过的橡胶棒所带的电荷为负电荷。值得一提的是,摩擦起电的本质是电子在不同物体之间的转移。

☀实验步骤

1.将玻璃棒和丝绸布相互摩擦数次。

2.将玻璃棒的一头接触验电器的球形导体,观察箔片的分开情况。

3.增加摩擦次数,观察带电情况。

4.再次摩擦玻璃棒,然后把玻璃棒的一端靠近纸屑,观察纸屑的运动情况。

☀注意事项

1.实验时不要用湿手操作。

2.注意保护玻璃棒,防止磕碰、摔落。

☀实验思考

1.在本实验中,玻璃棒俘获电子还是失去电子? 为什么?

2.碎纸屑为电中性,为什么会被玻璃棒吸引?

3.列举生活中一些摩擦起电的例子。

⚙ **2.2 维姆胡斯起电机**

💡**实验导入**

维姆胡斯起电机由英国人维姆胡斯于 1882 年在静电起电机的基础上改进而来,是一种圆盘式静电感应起电机,利用静电感应原理积累正负电荷。这种起电机的两个同轴圆盘可以高速反向转动,起电效率较高,可以产生非常高的电压,配合其他仪器,可以进行静电感应、尖端放电、静电除尘等与静电有关的实验。

💡**实验目的**

观察实验现象,了解感应起电机的基本原理。

💡**实验原理**

起电机实验装置如图 2-2-1 所示,主要包含起电盘(上有铝箔片)、导电杆(正面与背面各一根)、集电梳、摇杆、放电球、莱顿瓶与充电开关等部分。起电盘为两个相互靠近的同轴圆盘,上面分布着均匀、对称的铝箔片,在摇杆的带动下,两个圆盘可以反向转动。每个圆盘的前面都有一根固定的金属导电杆,且正面与背面的两根导电杆互相垂直,导电杆的末端都装有与铝箔片相接触的铜丝电刷。圆盘两侧固定有两个集电梳,可以将铝箔上的电荷收集到莱顿瓶中或传导到放电小球上。莱顿瓶实际上是一个电容器,通过充电开关控制是否对其充电。

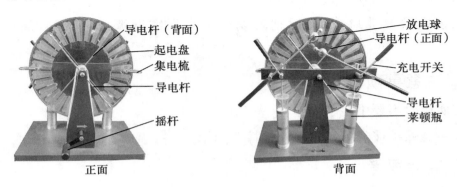

正面　　　　　　　　　　　　　背面

图 2-2-1　起电机实验装置

根据静电感应原理,若将电荷 Q 靠近一段不带电的导体,则导体靠近电荷

的一端将带有与 Q 异号的电荷,另一端带有与 Q 同号的电荷。如果此时将导体从中间截断(绝缘条件下操作),那么导体的两端将成为两个带有异号净电荷的带电体。若周围环境干燥清洁,则上述带电体中的静电荷将长期存在。若两个带有大量异号电荷的导体相距较近,将产生放电现象。

为方便描述起电机的工作过程,对其结构作如下简化:两个起电盘分别用大小不同的两个圆表示,内圆表示正面起电盘,外圆表示背面起电盘。对应的导电杆分别用 g 和 G 表示,铝箔片分别用字母 a、b……和 A、B……表示。外圆(背面起电盘)逆时针转动,内圆(正面起电盘)顺时针转动。需要说明的是,由于两个起电盘的实际尺寸相同、铝箔片分布情况一致,且转动的角速度数值相等,因此当某一起电盘上的两铝箔片与导电杆接触时,另一起电盘上与之相对的铝箔片始终为同一组。

一般情况下,由于多种原因,空气中会存在少量带电离子。以一组铝箔片 a、b、A、B 为例,假设某时刻背面起电盘上的铝箔片 A 俘获了空气中的正电荷,且正面起电盘上的铝箔片 a、b 与正面导电杆 g 接触,其位置如图 2-2-2(a)所示。此时,由于静电感应,铝箔片 a 带负电荷、铝箔片 b 带正电荷。当两起电盘各自转过一定角度(如 45°)后,其位置如图 2-2-2(b)所示。此时,由于与导电杆 g 断开连接,铝箔片 a、b 分别成为带有负电荷、正电荷的带电体,铝箔片 A 仍为带有正电荷的带电体。继续转过一定角度后,铝箔片 A、B 与背面导电杆 G 接触,其位置如图 2-2-2(c)所示。此时,铝箔片 a、b 未与导电杆接触,仍为带有负电荷、正电荷的带电体,由于静电感应,铝箔片 A 带负电荷,铝箔片 B 带正电荷。特别指出,在与导电杆 G 接触前铝箔片 A 带有正电荷,且铝箔片 B 不带电荷。根据电荷守恒,与导电杆 G 接触后铝箔片 B 所带正电荷将多于铝箔片 A 所带负电荷(图中以"＋＋"与"－"表示电荷多少)。继续转过一定角度后,铝箔片 a、b 与正面导电杆 g 接触,其位置如图 2-2-2(d)所示。特别指出,与导电杆 g 接触前铝箔片 a、b 带有等量异号电荷,与导电杆 g 接触后铝箔片 a、b 所带电荷恰好中和。然而,此时铝箔片 A、B 未与导电杆 g 接触,仍为带有静电荷的带电体,且其带电状态为"－"与"＋＋"。由于静电感应,铝箔片 a 带正电荷、铝箔片 b 带负电荷,且其电荷量将大于此前(图中以"＋＋"与"－－"表示)。

根据以上分析可知,若起电盘继续旋转,铝箔片 a、b、A、B 中的电荷将继续增加。对于起电盘上的其他铝箔片,其电荷变化机理与铝箔片 a、b、A、B 相同。此外,在上述分析过程中,正面起电盘上部的铝箔片带有负电荷、下部的铝箔片带有正电荷,背面起电盘与之相反,这使得两莱顿瓶永远只收集符号相反的电荷。

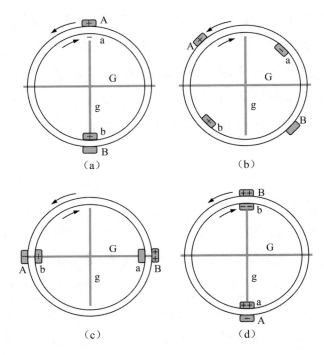

图 2-2-2　起电机原理示意图

💡实验步骤

1.调整两放电球之间的距离为 2～3 cm。

2.切换起电机的充电开关,保持莱顿瓶的连接。

3.顺时针转动摇杆,观察两放电球之间的放电现象。

4.改变转速,观察实验现象。

5.改变两放电球的距离(例如 1～2 cm),重复以上步骤。

6.切换起电机的充电开关,断开莱顿瓶的连接,重复以上步骤。

7.反向转动摇杆,观察实验现象。

8.实验完毕后,将放电球短接以释放掉剩余电荷。

注意事项

1.起电机工作时电压非常高,注意安全。

2.实验完毕后,短接放电球。

3.摇动摇杆应由慢到快,不要过快摇动。

4.保持起电盘及周围环境干燥清洁,必要时可通过摩擦使铝箔片初始带电。

5.两放电球接触时,不要转动摇杆。

实验思考

1.与电磁感应起电相比,静电感应起电有什么特点?

2.为什么发电厂使用电磁感应发电而不使用静电感应发电?

3.静电感应产生的电荷量一定比原电荷的电荷量少,为什么本实验中电荷反而会不断积累、不断增多? 促使正负电荷不断分离的能量从哪里来?

4.保持与断开莱顿瓶连接时,实验现象有什么变化? 试分析原因。

5.反方向转动摇杆,起电机还能工作吗?

2.3 静电滚筒

实验导入

带电导体的尖端处电荷密度很大,因而尖端附近的电场极强。尖端附近的强电场使空气发生电离而产生的放电现象称为尖端放电,其在日常生活中有很多应用(如避雷针),静电滚筒就是尖端放电现象和力学结合的一个趣味实验。

实验目的

通过塑料筒的转动演示尖端放电产生的力学效应,提升实验趣味性。

实验原理

静电滚筒实验装置如图 2-3-1 所示,主要包含静电滚筒与起电机两部分。其中,静电滚筒由可绕中轴自由旋转的绝缘塑料筒和两边的金属立杆构成,金属立杆上有平行的尖端电极,且尖端电极的指向都延着塑料筒圆周的切线方向。两金属立杆分别通过导线与起电机的电极连接。

图 2-3-1　静电滚筒实验装置

当一个带电体系中的电荷分布不再发生变化,即其电场分布不随时间变化时,我们称这个带电体系处于静电平衡状态。对于静电平衡状态的导体,其体内没有净电荷(即电荷体密度 $\rho = 0$),电荷只分布在其表面,且表面某处外电场的场强 E 与该处的电荷面密度 σ(即单位面积上的电荷量)有如下关系:

$$E = \frac{\sigma}{\varepsilon_0}$$

其中,ε_0 是真空电容率。

对于静电平衡状态的孤立导体,其表面的电荷分布有如下规律:

(1)表面突出而尖锐的地方(即曲率大的地方),电荷分布密集,电荷面密度大。

(2)表面平坦的地方(即曲率小的地方),电荷分布疏散,电荷面密度小。

由此可以得出结论,导体表面突出而尖锐的地方电荷面密度大,其附近的外电场场强 E 也比较强,这就是尖端放电的基本原理。

在本实验中,两根金属立杆分别用导线和起电机的两电极连接,所以转动起电机时,电极尖端附近的电场是非常强的。此时,尖端附近的空气会被电离为带电的正负离子,异号离子飞向尖端,同号离子远离尖端,从而会连续有离子撞击到塑料桶圆周的切线方向,产生力矩使塑料桶转动。

实验步骤

1. 检查塑料筒是否转动自如,检查尖端电极的指向。

2. 短接起电机的两个放电球,用导线将两根金属立杆分别与起电机的两电极连接。

3. 切换起电机的充电开关,保持莱顿瓶的连接。

4. 分开起电机的两个放电球,转动起电机的摇杆,观察实验现象。

5. 改变摇杆转速,观察实验现象。

6. 操作完成后,及时短接起电机的两个放电球,放掉剩余电荷。

注意事项

1. 实验中用到起电机,使用时注意高压。

2. 静电滚筒装置中有很多金属尖端,操作时注意安全。

实验思考

1. 把起电机的两个电极与静电滚筒反接,塑料筒会反向转动吗?

2. 如果断开莱顿瓶连接,实验现象将如何变化?

2.4　富兰克林轮

实验导入

富兰克林轮实验是尖端放电现象和力学规律结合的又一个趣味实验。与静电滚筒类似,它也是以转动的方式来体现尖端放电现象。

实验目的

通过富兰克林轮的转动展示尖端放电产生的力学效应,加深对尖端放电现象的理解。

实验原理

富兰克林轮实验装置如图 2-4-1 所示,主要包含起电机、绝缘支架、金属立杆和风轮等部分。风轮由末端削尖的弯曲金属丝构成,可以绕金属立杆自由转动。金属立杆通过导线与起电机的任一电极相连。

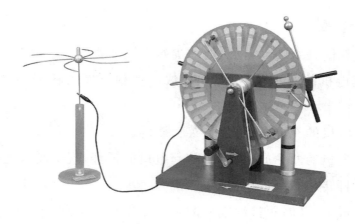

图 2-4-1　富兰克林轮实验装置

在静电滚筒实验中已经叙述过,带电导体的电荷只分布在导体表面上,且电荷的分布情况与导体表面的曲率有关。简单来说,导体表面上尖锐的地方电荷面密度大,附近的电场强度大;导体表面上平缓的地方电荷面密度小,附近的电场强度小。

风轮由对称分布、末端尖锐的弯曲金属丝构成,起电机工作时风轮带电,金属丝尖锐的末端附近产生极强的电场。强电场将周围的空气电离为带电的正负离子,根据"同号电荷相互排斥,异号电荷相互吸引"的原理,与金属丝同号电荷的离子背向金属丝运动,异号电荷的离子朝向金属丝运动。异号电荷的离子最终在金属丝末端中和电荷,同时在金属丝末端施加作用力。所有末端上所受作用力的合力产生一个力矩,当该力矩大于阻力产生的力矩时,风轮就能转动起来。

💡实验步骤

1.检查风轮能否在金属立杆上自由转动。

2.短接起电机的两个放电球,用导线将风轮的金属立杆与起电机任一电极连接。

3.切换起电机的充电开关,保持莱顿瓶的连接。

4.分开起电机的两个放电球,转动起电机的摇杆,观察实验现象。

5.改变摇杆转速,观察实验现象。

6.操作完成后,及时短接起电机的两个放电球,放掉剩余电荷。

注意事项

1.实验中用到起电机,使用时注意高压。

2.富兰克林轮装置中有很多金属尖端,操作时注意安全。

实验思考

1.如果金属丝是直的,富兰克林轮还能转起来吗?

2.使用起电机的另外一个电极给富兰克林轮供电,富兰克林轮会反向旋转吗?

2.5 电风吹火

实验导入

电风吹火实验是尖端放电现象的又一个展示。

实验目的

通过火焰展示尖端放电现象的力学效应,加深对尖端放电现象的理解。

实验原理

电风吹火实验装置如图 2-5-1 所示,主要包含起电机、绝缘支架、尖端导体和蜡烛等部分。尖端导体通过导线连接起电机的任一电极,且其尖端指向蜡烛的烛芯。

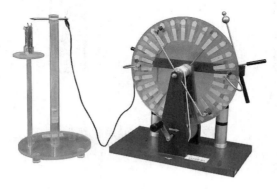

图 2-5-1 电风吹火实验装置

根据前面实验的叙述可知,当起电机工作时,尖端导体带电,且尖端附近的表面上电荷面密度较大,因此尖端附近具有极强的电场。该电场将尖端附近的空气电离为带有正负电荷的离子,在电场的作用下,带有正(或负)电荷的离子将背向尖端运动,而带有负(或正)电荷的离子将朝向尖端运动,这些离子的定向移动便形成了电风。

导体尖端附近的强电场只存在于离表面很近的一块区域,空气的电离也只在这个区域内发生。在这个区域中,既有飞向导体尖端的异号离子,也有飞离导体尖端的同号离子。也就是说,既有吹向导体尖端的电风,也有吹离导体尖端的电风。而在相对远离尖端的区域,不存在空气的电离,因此只有不断飞离导体尖端的同号离子和被其撞击的空气分子。也可以说,在相对远离尖端的区域,电风是单向的。因此,导体尖端与蜡烛烛芯的距离不同时,火焰的形状也不相同。

本实验所用高压源是手摇式维姆胡斯起电机,其功率较小,为观察到明显的实验现象,建议让导体的尖端靠近蜡烛烛芯。此时,空气的电离在火焰内部发生,火焰既受到吹向导体尖端的电风,也受到吹离导体尖端的电风,火焰的最终形状由两个方向电风的强弱决定。

图 2-5-2(a)和(b)分别是加电前和加电后火焰的形状,可以看出,加电后蜡烛火焰明显被吹向了导体尖端附近。

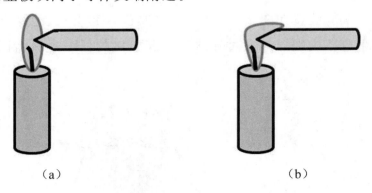

（a）　　　　　　　　　　　　　　（b）

图 2-5-2　加电前后火焰形状

💡实验步骤

1.调整蜡烛烛芯与导体尖端的距离。

2.短接起电机的两个放电球,用导线将尖端导体与起电机的任一电极连接。

3.切换起电机的充电开关,保持莱顿瓶的连接。

4.分开起电机的两个放电球,转动起电机的摇杆,观察实验现象。

5.改变摇杆转速,观察实验现象。

6.短接起电机的两个放电球,放掉剩余电荷。

7.改变尖端与烛芯距离,重复以上步骤。

8.切换起电机的充电开关,断开莱顿瓶的连接,重复以上步骤。

9.操作完成后,及时短接起电机的两个放电球,放掉剩余电荷。

注意事项

1.实验中用到起电机,使用时注意高压。

2.本实验用到火源,注意用火安全。

3.导体的尖端对着蜡烛火焰的根部时,效果更佳。

实验思考

1.使用起电机的不同电极进行实验,观察到的现象会有不同吗?

2.调整导体尖端与蜡烛烛芯的距离,观察到的火焰的形状会有什么不同?

3.为什么导体的尖端对着蜡烛火焰的根部时,效果更佳?

2.6 避雷针原理

实验导入

雷电是大自然中的一种放电现象,常常伴有强大的电流、炽热的高温和巨变的电磁场等现象。这些现象会给人类社会带来巨大的危害,所以防雷、避雷是十分必要的。避雷针是一种结构简单的防雷装置,可以提供99.5%～99.9%的防雷保护效果。避雷针的基本原理就是尖端放电,即通过尖端放电将云层中的电荷导入大地,从而避免建筑物等遭受雷击。本实验将模拟雷雨时云层电荷的情形,演示避雷针的工作情况。

实验目的

模拟雷雨时云层电荷的情形,演示避雷针的工作情况,加深对尖端放电现象的理解。

💡实验原理

避雷针原理实验装置如图 2-6-1 所示,主要包含起电机、导体板、尖端导体、圆端导体和绝缘支架等部分。上下导体板平行且正对放置,通过绝缘支架固定在底座上,且通过导线分别连接起电机的两电极。尖端导体与圆端导体的高度相同,它们的下端都固定在下导体板上,上端与上导体板存在一定间隙。

图 2-6-1 避雷针原理实验装置

将上导体板与起电机的任一电极相连,利用起电机使上导体板带电,来模拟云层电荷。此时,下导体板模拟大地。为了使实验现象更加明显,在不影响实验原理的前提下,可以将下导体板与起电机的另一个电极相连。这样一来,上下导体板同时带有异号电荷,加大了尖端导体、圆端导体与上导体板间的电势差,实验现象会更加明显。

根据前面实验的分析可知,处于静电平衡状态的导体只在其表面分布有净电荷,且表面越尖锐,电荷面密度越大,附近的电场强度越大。在本实验中,尖端导体顶端附近的电场强度比圆端导体大很多,在二者顶端与上导体板间距相同的情况下,尖端导体顶端附近的空气优先被电离成带电荷的正负离子。在电场的作用下,带有异号电荷的离子分别到达上导体板与尖端导体的顶端,并发生电荷中和。该过程等效于上导体板上的电荷不断地传递到尖端导体,在上导体板与尖端导体之间形成电流,然后被导入"大地"。避雷针就是通过这个过程,把云层中的电荷导入大地,从而使建筑物免遭雷击。

☀️实验步骤

1.调节上导体板和尖端导体、圆端导体顶端的距离,使其间隙在1 cm以内。

2.短接起电机的两个放电球,用导线将上下导体板分别与起电机的两电极连接。

3.切换起电机的充电开关,保持莱顿瓶的连接。

4.分开起电机的两个放电球,转动起电机的摇杆,观察实验现象。

5.操作完成后,及时短接起电机的两个放电球,放掉剩余电荷。

☀️注意事项

1.实验中用到起电机,使用时注意高压。

2.若实验现象不明显,可适当减小上导体板与尖端导体、圆端导体顶端的距离。

☀️实验思考

圆端导体一定不会放电吗?如果可以,怎么调整可以使它也放电?

⚙️ 2.7 静电摆球

☀️实验导入

平行极板间的电场近似为匀强电场,极板中心区域附近的电场线是垂直于两极板、均匀分布的平行直线簇。带电物体在匀强电场中受到恒定的力,即力的大小与方向都不会发生变化。本实验通过摆球的摆动来展示带电物体在匀强电场中的受力。

☀️实验目的

通过摆球的运动展示带电物体在电场中的受力,加深对电场的理解。

☀️实验原理

静电摆球实验装置如图 2-7-1 所示,主要包含起电机、底座支架、左右极板和摆球等部分。摆球为涂了金属膜的乒乓球,通过绝缘细绳系在支架上,且摆球与左右极板的中心等高。左右极板是在竖直面内平行、正对放置的圆形金属板,通过导线分别连接起电机的两电极。

图 2-7-1　静电摆球实验装置

利用起电机使两个极板带电,然后轻轻拨动绝缘细绳,使小球与一个极板接触。释放细绳,小球会在两个极板之间不停摆动,经久不息。

假设左极板带正电荷(正极板),右极板带负电荷(负极板),且小球先与正极板接触。两极板间的电场如图 2-7-2(a)所示,电场强度的方向由正极板指向负极板,且大小处处相等。小球表面涂有金属膜,与正极板接触后,小球带有正电荷。带正电的小球在电场中的受力情况如图 2-7-2(b)所示,小球受到水平指向负极板的电场力 qE、竖直向下的重力 G 以及沿细绳方向的拉力 F。在这三个力的作用下,小球沿圆周轨迹向负极板摆动。与负极板接触后,小球上的正电荷与负极板上的负电荷中和。负极板上的负电荷由起电机不断补充,其所携带电荷量远大于小球,因此小球将带有负电荷。此后,小球受到水平指向正极板的电场力、竖直向下的重力以及沿细绳方向的拉力。与开始的情况类似,在这三个力的作用下,小球沿圆周轨迹向正极板摆动,直到再次接触正极板,完成一个完整的循环。如此往复,小球将在两个极板之间不停摆动。

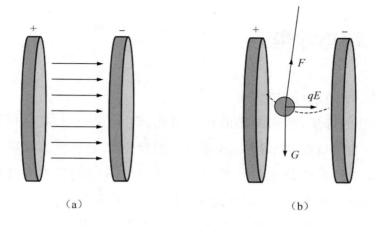

（a）　　　　　　　　　（b）

图 2-7-2　小球受力分析

实验步骤

1.检查左右极板是否在竖直面内平行、对正。

2.调节小球高度,使其与两个极板中心高度相同。

3.短接起电机的两个放电球,用导线将左右极板分别与起电机的两个电极连接。

4.切换起电机的充电开关,保持莱顿瓶的连接。

5.分开起电机的两个放电球,转动起电机的摇杆,使极板带电。

6.拨动绝缘细绳,使小球与任一极板接触;释放细绳,观察小球的运动情况。

7.改变转速,观察实验现象。

8.操作完成后,及时短接起电机的两个放电球,放掉剩余电荷。

注意事项

1.实验中用到起电机,使用时注意高压。

2.注意控制细绳长度与左右极板间距,避免小球运动到极板边缘。

实验思考

1.如果不拨动小球,而是把小球的平衡位置调节在离其中一个平行极板稍近的位置,小球能摆动起来吗?

2.小球在运动过程中肯定会受到空气阻力,这会不断地消耗小球的动能,为什么小球还能不断地左右摆动下去?

⚙ 2.8 静电除尘

💡实验导入

随着社会的进步,越来越多的矿物资源被用于加工工业原材料和生活用品,因此制造的污染也越来越多。煤炭的燃烧不仅会产生大量碳、氮、硫的氧化物,也会向空气中排放大量的粉尘。这些粉尘对环境和人类健康有极大的危害,所以研究一种方法来降低粉尘排放量是很有必要的。1907 年,科特雷尔(Cottrell)首先将静电除尘技术应用于净化工业烟气并获得成功。如今,静电除尘技术还被应用在冶金、化学等领域,起到净化气体、回收有用尘粒等作用。

💡实验目的

演示静电除尘现象,了解静电场在实际生活中的应用。

💡实验原理

静电除尘实验装置如图 2-8-1 所示,主要包含起电机、抽屉、有机玻璃烟囱、放电极和集尘极等部分。放电极是一根直立的金属丝,集尘极环绕有机玻璃烟囱内壁螺旋向上。抽屉中可放置点燃的蚊香,以蚊香的烟雾模拟空气中的烟尘。实验时,放电极接起电机的负极,集尘极接起电机的正极。

图 2-8-1　静电除尘实验装置

静电除尘的基本思想是:通过静电场对荷电粉尘施加电场力,使荷电粉尘移动到异号电极并被吸附,从而实现对空气的净化。通常,由于存在射线或者摩擦等诸多因素,空气中会含有少量的自由离子,单靠这些离子并不能使粉尘充分荷电。因此,需同时存在一个使粉尘荷电的电场和一个使荷电粉尘与空气分离的电场。本实验采用荷电电场与分离电场二合一的方法,一般的静电除尘器也是采用这种方法。

起电机工作时,在电场的作用下,空气中的少量自由离子向两极移动,在两电极之间形成电流。电场越强,离子的运动越快,电流越大。开始时,空气中的自由离子较少,电流较小。在强电场的作用下,离子的运动越来越快。当具有高动能的离子撞击空气分子时,中性的空气分子会被击碎,变成正离子与自由电子。而一些中性空气分子俘获自由电子,变成负离子。这些新分离出来的正负离子同样被强电场加速,继续撞击其他中性的空气分子,产生更多离子,这就是空气电离的过程。在这个过程中,电极间离子的数量大大增加,表现为极间电流急剧增大。放电极周围的空气被电离后,在放电极周围可以看见一圈淡蓝色的光环,这个光环被称为电晕。电晕的范围通常很小,空气分子在电晕范围被电离后,正离子向放电极运动,负离子离开电晕区域,向集尘极运动。因此,含有粉尘的空气通过有机玻璃烟囱时,大部分粉尘会带上负电荷,从而被吸附到集尘极上。只有很少的粉尘会通过电晕区,带上正电荷,被吸附到放电极上。这样,从有机玻璃烟囱冒出来的空气中粉尘的含量就得到了有效控制。

💡实验步骤

1.点燃蚊香,并放入有机玻璃烟囱下面的抽屉中。

2.短接起电机的两个放电球,用导线将集尘极、放电极分别与起电机的正极、负极连接。

3.切换起电机的充电开关,保持莱顿瓶的连接。

4.分开起电机的两个放电球,转动起电机的摇杆,观察有机玻璃烟囱中空气污浊程度的变化。

5.改变转速,观察实验现象的变化。

6.操作完成后,及时短接起电机的两个放电球,放掉剩余电荷。

7.实验完毕后,灭掉蚊香,整理实验仪器。

💡注意事项

1.实验中用到起电机,使用时注意高压。

2.实验中用到明火,使用时注意用火安全,做好防火措施。

3.实验结束后及时清理抽屉中的灰烬。

💡实验思考

1.如果把除尘装置两个电极的极性反接,还有除尘效果吗?

2.为什么将集尘极设计为螺旋状?

⚙ 2.9 静电跳球

💡实验导入

本实验是带电体在静电场内受电场力的又一个演示。电场力是实实在在存在的力,与力学中常见的重力、弹力等一样,都满足牛顿三大定律。电场力的施力物体是电场,受力物体是带电体。

💡实验目的

演示带电体在重力场和匀强电场共同作用下的运动情况。

💡实验原理

静电跳球实验装置如图 2-9-1 所示,主要包含起电机、上下导体板、亚克力外壳、锡纸小球和底座等部分。上、下导体板在水平面内平行且正对放置,通过导线分别与起电机的两个电极相连。

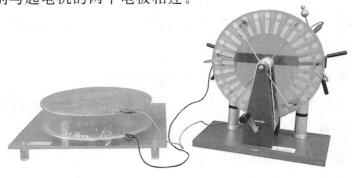

图 2-9-1 静电跳球实验装置

利用起电机使上下导体板带电,假设上导体板带正电荷、下导体板带负电荷,则两导体板之间存在一个匀强电场,如图 2-9-2(a)所示。最开始,小球落在下导体板上,因而带有负电荷。此时,小球受到的电场力竖直向上,与重力方向相反。忽略空气阻力,当电场力大小大于重力,即 $qE>mg$ 时,小球所受合力竖直向上,小球会向上加速运动,如图 2-9-2(b)所示。与上导体板接触后,小球带正电荷。此时,小球受到的电场力竖直向下,与重力方向相同,合力竖直向下,小球会向下加速运动,如图 2-9-2(c)所示。如此周而复始,小球在容器内上下跳动。

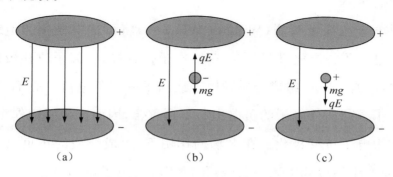

（a）　　　　　　　　（b）　　　　　　　　（c）

图 2-9-2　小球受力分析

🔆实验步骤

1.将小球放置在下导体板中心附近区域。

2.短接起电机的两个放电球,用导线将上下导体板分别与起电机的两个电极连接。

3.切换起电机的充电开关,保持莱顿瓶的连接。

4.分开起电机的两个放电球,转动起电机,观察小球的运动情况。

5.改变转速,观察实验现象的变化。

6.操作完成后,及时短接起电机的两个放电球,放掉剩余电荷。

🔆注意事项

1.实验中用到起电机,使用时注意高压。

2.锡纸小球的重量不宜过大。

☀实验思考

1.假设电场是固定的,即电场的空间分布不随时间变化,那么小球上下跳动的周期与哪些因素有关?

2.小球的重量对实验结果有什么影响?

⚙ 2.10 电介质极化

☀实验导入

英国科学家威廉·晖巍(William Whewell)将可被电极化的绝缘体命名为电介质。电介质的极化机制分为三种:电子位移极化、离子位移极化和取向极化。在电场的作用下,组成介质的原子或离子的正负电荷中心不再重合,即带正电的原子核与核外电子的负电中心不再重合,因而产生感应偶极矩,这种极化机制称为电子位移极化。在电场的作用下,组成介质的正负离子产生相对位移,因而产生感应偶极矩,这种极化机制称为离子位移极化。如果组成介质的分子是有极分子(即分子具有固有偶极矩),在电场作用下,取向混乱的偶极子将规则排列,因固有偶极矩转向而在介质中产生极化的机制称为取向极化。

☀实验目的

演示电偶极子在外电场中定向排列的现象,加深对电介质极化的理解。

☀实验原理

电介质极化实验装置如图2-10-1所示,主要包含起电机、左右导体板和电偶极子模型等部分。左右导体板在垂直方向平行且对正放置,通过导线分别与起电机的两个电极相连。电偶极子模型由许多两端涂有石蜡的火柴棒组成。这些火柴棒安装在垂直分布的绝缘细线上,可绕细线自由转动。在电场为零的情况下,所有火柴棒的指向杂乱无序,用于模拟组成电介质的有极分子。

图 2-10-1　电介质极化实验装置

当无外加电场时,由于热运动,介质内有极分子的电偶极子取向混乱无章,相互抵消。因此,电介质内部所有电偶极子的矢量和为零,即介质内不存在宏观极化强度,如图 2-10-2(a)所示。加电场后,在外电场 E 的作用下,介质内的电偶极子趋于按电场的方向排列。由于排列趋于规则,电介质内所有电偶极子的矢量和不再为零,即介质产生了宏观极化强度,如图 2-10-2(b)所示。

在本实验中,未加电场时,所有火柴棒的取向是杂乱无章的,用于模拟无外加电场时介质内有极分子的电偶极子。加电场后,由于石蜡发生极化,每个火柴棒都等效为一个电偶极子,且其取向趋于电场方向,用于模拟外加电场时介质内有极分子的电偶极子。

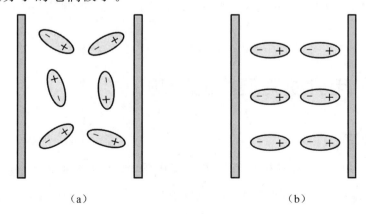

(a)　　　　　　　　　　　　　(b)

图 2-10-2　电偶极子的排列

🔅实验步骤

1.检查火柴棒取向是否杂乱,火柴棒是否转动自如。

2.短接起电机的两个放电球,用导线将左右导体板分别与起电机的两电极连接。

3.切换起电机的充电开关,保持莱顿瓶的连接。

4.分开起电机的两个放电球,转动起电机,观察模拟电偶极子的取向情况。

5.改变转速,观察实验现象的变化。

6.短接起电机的两个放电球,交换左右导体板与起电机电极的连接。

7.分开起电机的两个放电球,转动起电机,观察模拟电偶极子的取向情况。

8.操作完成后,及时短接起电机的两个放电球,放掉剩余电荷。

🔅注意事项

1.实验中用到起电机,使用时注意高压。

2.从仪器上方观察,实验现象更明显。

🔅实验思考

1.电介质发生取向极化时,会不会同时发生电子位移极化和离子位移极化?

2.怎么利用极化机制解释摩擦起电实验中玻璃棒能够吸引碎纸屑的现象?

⚙ 2.11 电介质对电容的影响

🔅实验导入

电场中的电介质会发生极化,平行板电容器的两个极板之间存在匀强电场。那么,将电介质放在平行板电容器的两个极板之间,电容器的电容量将怎样变化?

💡实验目的

演示电介质的极化对电场的影响,加深对电介质极化的印象和理解。

💡实验原理

电介质对电容的影响实验装置如图 2-11-1 所示,主要包含起电机、验电器、左右导体板和电介质板。左右导体板是在竖直面内平行且正对的铝板,构成平行板电容器。

图 2-11-1 电介质对电容的影响实验装置

电介质处于极化状态时,一方面它的内部会出现未抵消的电偶极矩,另一方面它的某些部位会出现未抵消的束缚电荷,也叫极化电荷。对于均匀的电介质,束缚电荷集中出现在电介质的表面上。

束缚电荷会在其周围产生附加电场 E',根据电场的叠加原理,任意一点的电场都是附加电场与外电场 E_0(即促使电介质发生极化的电场)的叠加:

$$E = E_0 + E'$$

在电介质内部,E' 的方向总是与 E_0 相反,导致电介质内部的电场比原来的电场 E_0 弱,因此 E' 也叫退极化场。

对于平行板电容器,极板间的电压可以表述为:

$$U = Ed$$

其中,d 为两平行极板间的距离。

若在平行极板间加入电介质,由于退极化场的存在,极板间的电压将减小。在电荷量一定的情况下,根据关系式:

$$C = \frac{Q}{U}$$

可以知道,平行板电容器的电容值 C 将变大。

实验步骤

1.检查左右导体板是否平行、对正。

2.短接起电机的两个放电球,用导线将左右导体板分别与起电机的两电极连接,用导线将验电器与任一导体板连接。

3.切换起电机的充电开关,保持莱顿瓶的连接。

4.分开起电机的两个放电球,稍微转动起电机,使平行板带电,观察验电器箔片张角的变化。

5.将电介质板插入平行板间,观察验电器箔片张角的变化情况。

6.改变电介质板插入平行板间的面积,观察验电器箔片张角的变化情况。

7.操作完成后,及时短接起电机的两个放电球,放掉剩余电荷。

注意事项

1.实验中用到起电机,使用时注意高压。

2.电介质板插入或移出平行板间时,勿使它触碰左、右导体板。

实验思考

1.有没有可能插入一种电介质后,平行板间的电容值变小?

2.换用不同的电介质板,对平行板电容器的影响一样吗?

3.同一电介质板,插入平行板间的面积不一样,对平行板电容的影响一样吗?

4.同一电介质板,完全插入平行板间的空隙,在离极板不同距离的位置时对平行板电容的影响有区别吗?

2.12　辉光球

实验导入

辉光球又称为电离子魔幻球,它的发光实际上是低压惰性气体在高频(几万赫兹)强电场中的放电现象。根据辉光球内惰性气体的配比不同,放电发出的光颜色也不相同。

💡实验目的

演示低压惰性气体在高频强电场中的辉光放电现象,加深对电场的理解。

💡实验原理

辉光球实验装置如图 2-12-1 所示,它的外层为直径十几厘米的高强度玻璃球壳,球壳内充有稀薄的混合惰性气体。混合惰性气体一般以氖气或者氦气为基质,掺入氩、氪、氙、氮、氢等一种或者几种作为杂质气体,由此配出不同的发光色彩。底座内有电源处理电路,将 12 V 直流电转变为高频高幅值的电压并输出。球壳中心有一个球状电极,连接电源处理电路的高频高压输出端。

图 2-12-1　辉光球实验装置

在通常情况下,气体中的自由电荷很少,加入强电场后,气体被电离为正负离子。正离子和负离子在电场的作用下定向移动,形成电流,这就是气体放电现象。气体放电一般分为两种类型,即被激导电与自激导电。被激导电:依靠外界作用维持气体导电,且外界作用移除后气体导电立刻停止。自激导电:不依靠外界作用,在电场作用下能自己维持导电状态。

在逐渐增加电极间电压的过程中,气体会表现出不同的导电规律。第一阶段,电压 U 较小时,电压与电流 I 的关系服从欧姆定律,直到电流达到饱和值,进入第二阶段。第二阶段的特征是电流达到了饱和值,即随着电压继续增加,电流不再增加,其 I-U 特性曲线近似为一段平行于 U 轴的直线。第三阶段,气体的电离开始上升为主要矛盾。由于气体电离产生了新的带电离子,气体中的载流子浓度增大,导致饱和电离值增大,所以表现为电流随着电压的升高而增大。第四阶段,当电压升高到某一峰值时,电流突然增加,同时电极间的电压突然下降。这是由于气体中新电离出的正负离子大规模地碰撞其他中性分子,造成雪崩式的碰撞电离,使气体中的载流子浓度陡然增大。

在本实验中,接通电源后,球壳中心的电极周围存在类似点电荷的电场,即电场的分布是均匀、对称的。人手触摸球壳时,由于人体与大地相连,球壳中心电极周围的电场不再均匀、对称,直观表现为:辉光放电现象随着人手触摸位置的变化而变化。

💡实验步骤

1.打开辉光球的电源,观察实验现象(辉光球发光,同时发出声音)。

2.调节辉光球的电压调节旋钮,观察实验现象的变化。

3.用手触摸玻璃球壳,移动手的位置,观察实验现象。

4.实验结束后,及时关闭辉光球的电源。

💡注意事项

1.实验中涉及高压,注意用电安全。

2.不要敲击玻璃球壳,防止发生意外。

💡实验思考

生活中还有哪些常见的辉光放电现象的应用?

⚙ 2.13 闪电盘

💡实验导入

闪电盘又叫辉光盘,是利用辉光放电现象工作的。辉光放电现象指低压惰性气体中显示辉光的气体放电现象,也就是稀薄气体的自激导电现象。

💡实验目的

演示低压惰性气体在高频强电场中的辉光放电现象,加深对电场的理解。

💡实验原理

闪电盘实验装置如图 2-13-1 所示,由许多直径为 2～3 mm 的小气泡构成,在小气泡中充有低压惰性气体。不同种类惰性气体的配比不同时,闪电的颜色也是不同的。利用这个特性,可以在不同区域的小气泡中充有不同配比的惰性气体,从而制造出更加绚丽多彩的闪电。闪电盘底座内有电源处理电路,将 12 V 直流电转变为高频高幅值的电压并输出。辉光盘的中心安有一个电极,连接电源处理电路的输出端。

图 2-13-1　闪电盘实验装置

在电极间强电场的作用下,气体中原有的少量离子快速定向运动。这些快速运动的离子撞击到其他中性分子时,会使中性分子跃迁到激发态。根据常识,激发态是不稳定的态,被激发的粒子很容易跃迁回基态,并释放一定的能量。这部分能量以光子的形式释放出来,即:

$$\hbar\omega = E_1 - E_0$$

其中,E_1 和 E_0 分别是激发态能量、基态能量,ω 是发射光子的圆频率,$\hbar\omega$ 表示发射光子携带的能量。当发射出的光子频率在可见光的范围时,人眼就能观察到发光现象。

每种分子自身的能级分布是不同的,由上面的分析可以看出,发射光子的频率是由分子种类决定的,即发光的颜色是由惰性气体的种类决定的。所以,在不同区域的小气泡中充有不同种类或者不同配比的惰性气体,就可以在不同区域观察到不同颜色的"闪电"。

在正常情况下,中心电极作为高压端,玻璃内表面作为接地端。当把手指放在盘面上时,手指成为接地端,放电现象会随手指移动而变化。

💡实验步骤

1.打开闪电盘的电源开关。

2.观察辉光放电现象和放电轨迹。

3.用手指触摸盘面,移动手指,观察盘面图案的变化。

4.实验结束后,及时关闭闪电盘电源。

💡注意事项

1.实验过程中注意用电安全。

2.不可敲击闪电盘盘面,以免打破玻璃。

💡实验思考

为什么辉光盘中的气体不能用空气替代?

⚙ 2.14　手触式蓄电池

💡实验导入

蓄电池以其便携性和高效性在日常生活中得到广泛应用,如车辆、船舶、飞机等大型机械系统的点火装置及照明系统,以及各种电子器件的供电系统。蓄电池是一种将电能以化学能形式储存并将化学能以电能形式释放的装置,可以实现重复充放电。在充电过程中,蓄电池中进行电解反应,电能转化为化学能。在放电过程中,蓄电池中发生自发的氧化还原反应,化学能"温和地"以电能形式输出。

💡实验目的

通过手触式蓄电池演示电位差,熟悉电位差的概念。

💡实验原理

手触式蓄电池实验装置如图 2-14-1 所示,主要包含铜板、铝板和电流计等部分。

电子从金属表面逸出时克服表面势垒必须做的功称为该金属的逸出功,且逸出功因金属而异。将金属电极插入电解质溶液中,电极表面的金属离子与溶液中的极性水分子相互吸引而发生水化作用,金属离子通过这种水化作用进入溶液,电子留在电极上,此过程为金属溶解。金属的这种溶解与金属的逸出功和电解质溶液的浓度有关,逸出功越小的金属在电解质中越容易溶解。同样地,溶液中的金属离子也能结合电极上的电子而沉积在电极表面,这个过程为金属离子的沉积。与金属溶解相反,金属越不活泼或逸出功越大,金属离子越容易沉积。

图 2-14-1 手触式蓄电池实验装置

当活泼金属与电解质接触时,溶解大于沉积,金属带负电,电解质带正电,即产生了电位差,且金属越活泼电位差越大。将两种活性相差较大的金属电极连通后置于电解液中,活性较大的金属电极溶解能力更强,产生更多的电子留在电极上。这些电子通过外电路移动到活性较小的金属电极上,保护活性较小的金属不被溶解。在此过程中,外电路中电子的移动就形成了电流。

人手上的汗液中含有少量的盐溶液($NaCl$),而盐溶液是一种电解质,含有Na^+、Cl^-、H^+、OH^-等离子。双手同时接触两个金属板时,相当于两个金属电极同时与电解质接触。由于铝的金属活性更强,所以铝板上的电子通过外电路(电流计)移动到铜板上,在两个金属板之间形成了电流。

💡实验步骤

1.将铝板、铜板分别接到电流计的正负极。

2.双手分别与铜板和铝板接触,观察电流计指针的偏转大小与方向。

3.交换两金属板与电流计的连接,观察电流计指针的偏转大小与方向。

4.改变手的温度(搓手)或湿度,观察电流计指针的偏转有何变化。

注意事项

1.电流计指针偏转不明显时,可以适当湿润双手。

2.适当增加双手的压力,可以增大电流计指针偏转角度。

实验思考

1.手触式蓄电池与化学电池的原理有何不同?

2.是否可以通过简单的方法测得两个金属板之间形成的电位差?

3.交换双手与金属板的接触,电流计指针的偏转方向会发生变化吗?

2.15 电磁感应现象

实验导入

1831 年,法拉第发现了电磁感应现象:两个线圈绕在同一个铁环上,在一个线圈通断电的瞬间,另一个线圈中产生了电流。继而,法拉第归纳了产生感应电流的五种类型:变化的电流、变化的磁场、运动的恒定电流、运动的磁铁、在磁场中运动的导体。电磁感应现象充分说明电和磁可以相互转化,并且遵循能量守恒定律。在日常生活中,电磁感应现象广泛存在,且有利有弊。例如,导体中可以感应出涡流,利用感应涡流可进行金属冶炼;但是,如果涡流出现在刹车片等器件上,会导致器件损耗。电磁感应定律是电磁学的重要内容,具有重要的理论与实际意义。

实验目的

演示电磁感应现象,理解和掌握电磁感应定律。

实验原理

电磁感应现象实验装置如图 2-15-1 所示,主要包含大小线圈、电流计、电源等部分。小线圈与电源连接,大线圈与电流计连接。小线圈中流过电流时产生磁场。若小线圈相对大线圈运动,则大线圈中的磁通量发生改变。

图 2-15-1　电磁感应现象实验装置

法拉第电磁感应现象可以归纳为两种：一种是回路磁通量发生变化，另一种是回路中部分导体与磁场发生相对运动。前者产生感应电流的原理是：变化的磁场产生电场，电场驱动导体中的自由电子定向移动，因而产生电流，这种电流被称为感生电流。后者产生感应电流的原理是：洛伦兹力的分力使导体中的自由电子定向移动，因而产生电流，这种电流被称为动生电流。

实验步骤

1.将大小线圈分别连接电流计和电流源。

2.接通电源，打开电源开关。

3.将小线圈放入大线圈内（共轴），沿轴向移动小线圈，观察实验现象。

4.改变小线圈的移动方向，观察实验现象。

5.改变小线圈的移动速度，观察实验现象。

6.实验结束，关闭电源。

注意事项

1.注意用电安全。

2.小线圈在插拔过程中易掉落，注意把持稳定。

3.仪器不易长时间开启，以免烧坏线圈。

💡实验思考

1.本实验应该如何计算电动势？

2.电流计指针的偏转方向与什么因素有关？

3.电流计指针的偏转角度与什么因素有关？

⚙ 2.16 通断电自感现象

💡实验导入

自感现象十分常见，在任何含有线圈的电路中，通断电的瞬间都会产生自感现象。对于大块导体，在通断电瞬间也会产生自感现象。若电路中含有自感系数较大的线圈，则其电流在通断电的瞬间变化极大，并且线圈中会产生非常大的感应电动势。自感现象与其他事物一样具有两面性，其感应电动势可能击穿绝缘层或产生电弧，在一些危险场所，往往会带来巨大的危害。

💡实验目的

通过通断电实验仪演示自感现象，加深对自感现象的理解。

💡实验原理

通断电自感现象实验装置如图 2-16-1 所示，主要包含电源、自感线圈、灯泡、氖灯和开关等部分。

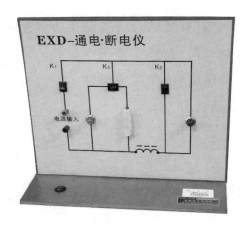

图 2-16-1 通断电自感现象实验装置

自感现象是一种特殊的电磁感应现象,是导体由于电流变化导致自身磁通量变化而产生的电磁感应现象。由自感现象产生的感应电动势称为自感电动势,通常的计算式为:

$$\varepsilon_i = -L\frac{\mathrm{d}I}{\mathrm{d}t}$$

其中,L 为自感系数,与回路的形状、大小和所处环境的磁导率有关。

通断电自感现象实验电路如图 2-16-2 所示,在电感与电阻构成的串联电路中,电感上的电流不能突变,既不能从零跳变为稳定值,也不能从稳定值跳变为零。换句话说,电感阻碍电路中的电流突变,且 L 值越大这种阻碍作用越强。

当演示通电自感现象时,K_3 断开,K_2 接通 L_1。在 K_1 闭合的瞬间,L_1 立即点亮,L_2 经过短暂的时间后也慢慢点亮。这是因为线圈中的磁通量发生了改变,因而产生了感应电流,且感应电流的方向与电源电流的方向相反,阻碍了电源电流流过 L_2。

当演示断电自感现象时,K_3 闭合(将 L_2 短路),断开 K_1。在断开 K_1 的瞬间,可以观察到 L_1 的亮度突然增加,而后 L_1 慢慢熄灭。这是因为自感线圈中的磁通变化率极大,产生了非常大的自感电动势。若 K_2 接通氖灯,在断电的瞬间可以观察到相似的现象。

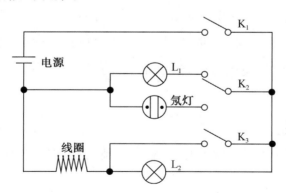

图 2-16-2 通断电自感现象实验电路

💡**实验步骤**

1.接通实验仪器的电源。

2.演示通电自感现象:断开 K_3,K_2 接通 L_1,闭合 K_1,观察灯泡的亮暗情况。

3.演示断电自感现象:闭合 K_3,断开 K_1,观察 L_1 的亮暗情况。

4.演示断电自感现象:K_2 接通氖灯,重复以上步骤。

5.实验结束,关闭电源。

💡注意事项

1.实验仪器面板背面的电路裸露在外,操作时注意用电安全。

2.实验结束后确保所有开关处于断开状态。

💡实验思考

1.通电和断电产生的自感电动势是否大小相同?

2.影响实验现象的因素有哪些?

⚙ 2.17　电磁驱动

💡实验导入

海因里希·楞次在法拉第发现电磁感应现象后不久总结出了著名的楞次定律:感应电流的效果总是阻碍原磁通的变化。楞次定律的出现使电磁感应的应用进入了一个新的阶段,电磁驱动就是法拉第电磁感应现象和楞次定律结合的一个重要应用。1887 年,著名的电气工程师尼古特·特斯拉制成了第一台电磁驱动的异步电动机。电动机的转子置于旋转磁场中,由电磁感应产生的电流使转子受到旋转磁场的安培力,继而获得一个转动力矩。

💡实验目的

演示电磁驱动现象,加深对电磁驱动原理与楞次定律的理解。

💡实验原理

电磁驱动实验装置及示意图如图 2-17-1 所示,主要包含产生转动磁场的电机、两个永磁体和金属导体盘等部分。金属导体盘与电机同轴,两个永磁体对称地安置在电机的传动杆上。

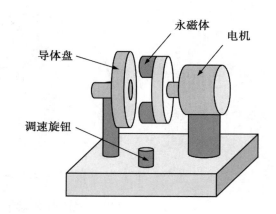

图 2-17-1　电磁驱动实验装置及示意图

电磁驱动,顾名思义,就是利用电磁感应驱动。在本实验中,接通电源后电机带动永磁体转动,产生一个运动的磁场。运动的磁场在导体盘上感应出电流,感应电流在磁场的作用下产生一个阻碍相对运动的安培力。在此安培力的作用下,导体盘开始转动。

为进一步分析其原理,对导体盘进行电和力的分析。以其中一个永磁体对导体盘的作用为例,为便于定性分析,只考虑永磁体正对导体部分的磁场。设该磁场垂直穿过导体板指向永磁体,且永磁体相对导体逆时针运动,如图 2-17-2所示。图中,虚线表示初始时刻永磁体相对于导体板的位置,实线表示永磁体相对于导体板的实时位置。

永磁体与初始相对的导体部分发生相对运动后,通过该部分导体的磁通量减少,因此该部分导体中会产生感应电流。分析可知,感应电流的方向为顺时针,以阻碍该部分导体中磁通量的减少。利用安培左手定则,可以判断因上述感应电流而产生的安培力方向与永磁体运动方向大致一致。因此,在这个安培力的作用下,导体盘将随着永磁体的转动而转动,而且导体盘的运动必须落后于永磁体,二者之间才能发生相对运动,以产生感应电流。

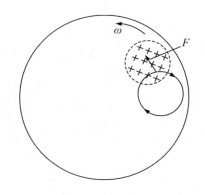

图 2-17-2　导体盘上电和力的分析

💡实验步骤

1.接通电磁驱动实验装置的电源。

2.调节调速旋钮,观察导体盘在永磁体不同转速作用下的运动状态。

3.实验结束,关闭实验装置的电源。

💡注意事项

1.注意用电安全。

2.永磁体为非固定装置,注意速度不宜太高。

3.可在导体盘上做颜色标记,以方便观察其运动状态。

💡实验思考

1.电磁驱动在异步电动机中是怎样工作的?

2.电磁驱动和电磁阻尼有什么区别?

⚙ 2.18　跳环式楞次定律

💡实验导入

在不同的应用场景中,楞次定律有着不同的应用表述。例如,感生电流主要由回路磁通量的变化引起,此时的楞次定律可以表述为:感应电流在回路中产生的磁通量总是阻碍总磁通量的变化。动生电流主要由部分导体切割磁力线产生,此时的楞次定律可以表述为:运动导体上的感应电流受到的安培力总是阻碍导体运动。虽然不同情况下楞次定律的表述不同,但其本质是一致的。

💡实验目的

利用跳环式楞次定律实验仪演示楞次定律,加深对楞次定律的理解。

💡实验原理

跳环式楞次定律实验装置及示意图如图 2-18-1 所示,主要包含电源、线圈、电磁铁芯和 3 个铝环(闭合铝环、带孔铝环和带缺口的铝环)。

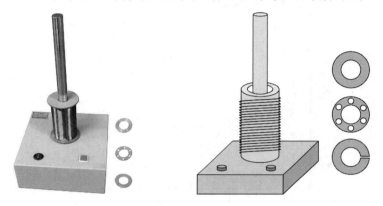

图 2-18-1　跳环式楞次定律实验装置及示意图

在图 2-18-1 所示的实验装置中,如果在线圈上施加交流电,那么电磁铁芯中将产生交变磁场。如果将铝环套在电磁铁芯上,则铝环中的磁通量将随时间变化。根据法拉第电磁感应定律,可得:

$$\varepsilon = -\frac{\mathrm{d}\Phi}{\mathrm{d}t}$$

由于磁通量发生变化,铝环中会感应出电动势(式中的负号就是楞次定律的一种体现)。若铝环闭合,由于感应电动势的存在,铝环中将产生感应电流。根据楞次定律,感应电流产生的磁通量将减小总磁通量的变化。

将闭合铝环看作纯电阻,则线圈中的交流电流 I_0、线圈产生的磁通量 Φ_0、铝环中的感应电流 I_1 和感应电流产生的磁通量 Φ_1 之间的对应关系如图 2-18-2所示。以磁场方向向上为 N 极,向下为 S 极,且假设在 OA 段线圈产生的磁场方向向上。分析如下:

(1)在 OA 段,正向电流 I_0 变大,线圈产生的磁场方向向上,作用在铝环中的磁通量方向向上且增加。根据楞次定律,铝环中的感应电流为反向电流,产生的磁场方向向下,以减小总磁通量的变化。

（2）在 AB 段，正向电流 I_0 变小，线圈产生的磁场方向向上，作用在铝环中的磁通量方向向上且减小。根据楞次定律，铝环中的感应电流为正向电流，产生的磁场方向向上，以减小总磁通量的变化。

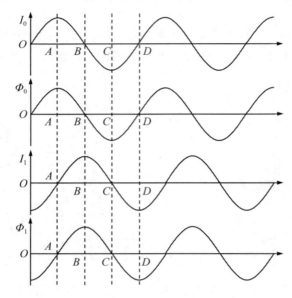

图 2-18-2　电流与磁通量对应关系

（3）在 BC 段，反向电流 I_0 变大，线圈产生的磁场方向向下，作用在铝环中的磁通量方向向下且增大。根据楞次定律，铝环中的感应电流为正向电流，产生的磁场方向向上，以减小总磁通量的变化。

（4）在 CD 段，反向电流 I_0 变小，线圈产生的磁场方向向下，作用在铝环中的磁通量方向向下且减小。根据楞次定律，铝环中的感应电流为反向电流，产生的磁场方向向下，以减小总磁通量的变化。

根据上述线圈产生的磁场方向与感应电流产生的磁场方向，线圈与铝环之间的作用力在 OA 段为斥力、在 AB 段为引力、在 BC 段为斥力、在 CD 段为引力，如图 2-18-3（b）所示。因此，在一个周期内线圈与铝环之间的引力与斥力作用时间相同，合力为零。因此，铝环将无法保持悬浮的状态。

然而，在实际操作中会发现，当线圈中持续通过交流电流时，铝环将悬浮在一定高度，与以上分析不符。这是因为感应电流产生的磁通量 Φ_1 变化时，铝环中的总磁通量也发生了变化，即铝环中存在自感。此时应将铝环看作是电阻与电感的串联，自感的存在使铝环中涡电流的相位滞后于纯电阻模型，如

图 2-18-3(a)所示。对应地,线圈与铝环之间的作用力状态如图 2-18-3(c)所示。

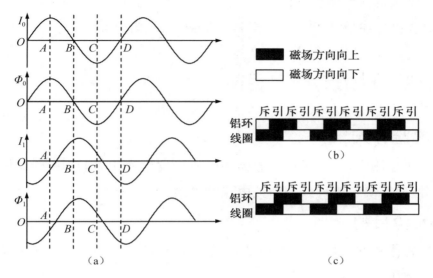

图 2-18-3 电流、磁通量、磁场作用力对应关系

分析可知,考虑铝环的自感后,在一个周期内线圈与铝环之间的斥力作用时间大于引力。由于交流电的频率为 50 Hz,斥力与引力交替变化的速度较快,可近似认为铝环只受到斥力的作用。当斥力与重力平衡时,铝环便可悬浮。

💡实验步骤

1.接通电源,打开电源开关。

2.将闭合铝环套在电磁铁芯上,按下启动按钮,观察实验现象,注意铝环悬浮位置的高度。

3.取下闭合铝环,将带孔铝环套在电磁铁芯上,按下启动按钮,观察实验现象,注意带孔铝环悬浮位置的高度。

4.取下带孔铝环,将带缺口的铝环套在电磁铁芯上,按下启动按钮,观察实验现象。

5.实验结束,关闭电源。

💡注意事项

1.注意用电安全。

2.避免长时间启动,以免线圈过热烧坏。

🔅实验思考

1.若要观察到铝环上下振动,有什么办法可以实现?

2.闭合铝环和带孔铝环的悬浮高度是否一致,为什么?

⚙ 2.19　对比式楞次定律

🔅实验导入

在大块导体中,如果通过该导体的磁通量发生变化,则在该导体中会产生涡电流,根据楞次定律可以判断该电流的方向。

🔅实验目的

通过磁体和非磁体在铝管中的运动演示感应涡电流引起的电磁阻力,加深对楞次定律的理解。

🔅实验原理

对比式楞次定律实验装置及示意图如图 2-19-1 所示,主要包含 3 个垂直铝管(其中一个带豁口)、永磁体块、铝块和底座等部分。

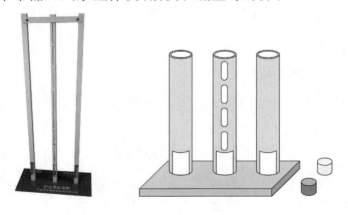

图 2-19-1　对比式楞次定律实验装置及示意图

闭合的大块导体中磁通量发生变化时,根据楞次定律,导体内必然感应出电流以阻碍原磁通的变化。分析易知,此时的感应电流为涡电流。闭合导体中的磁通量增大时,涡电流产生的磁通量与原磁通量方向相反,反之方向相同。

　　将永磁体块放置在铝管中,在重力作用下,永磁体块将会下落。在永磁体块相对铝管运动的过程中,铝管中的磁通量必然发生变化,因而会感应出涡电流。假设永磁体块的上端为 S 极,下端为 N 极,涡电流与磁场的关系如图2-19-2所示。

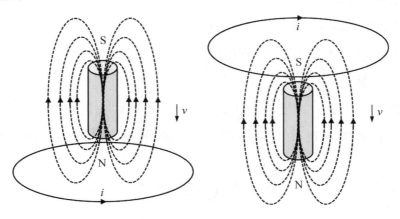

图 2-19-2　涡电流与磁场

　　对于某一部分铝管,当永磁体块由上往下靠近时,其磁通量增加。根据楞次定律,此时感应涡电流产生的磁通量与永磁体块产生的磁通量方向相反,即涡电流的方向为逆时针,如图 2-19-2 所示。分析可知,涡电流所产生的磁场方向与永磁体块磁场方向相反,即永磁体块受到电磁阻力。同理,当永磁体块远离该部分导体时,涡电流的方向为顺时针,且涡电流的磁场仍阻碍永磁体块的相对运动,即永磁体块仍受到电磁阻力。

　　铝块在铝管中下落时,铝管中的磁通量不发生改变,即铝管中不会产生涡电流。因此,铝块将在铝管中做自由落体运动。永磁体块在带豁口的铝管中下落时,由于铝管的某些部分不能构成闭合回路,因此在这些位置不能产生涡电流。具体表现为:永磁体块在带豁口铝管中的运动速度大于完整铝管。

💡实验步骤

1.将永磁体块放在完整铝管的上端口,释放永磁体块使其自由下落。

2.观察永磁体块的运动情况,并记录其下落时间。

3.将铝块放在完整铝管的上端口,释放铝块使其自由下落。

4.观察铝块的运动情况,并记录其下落时间。

5.根据铝管的高度与铝块的下落时间,验证铝块的运动是否为自由落体。

6.将永磁体块放在带豁口铝管的上端口,释放永磁体块使其自由下落。

7.观察永磁体块的运动情况,并记录其下落时间。

8.对比永磁体块在完整铝管和带豁口铝管中的下落时间,验证实验原理。

注意事项

1.永磁体块易碎,实验时注意保护永磁体块。

2.避免永磁体块靠近铁磁质物体,以免影响实验。

实验思考

1.电磁阻力与相对速度成正比,这种特性在哪些方面有应用?

2.如果永磁体块在导电液体中运动,是否也受到和铝管中相同的电磁阻力?

3.是否可以通过记录下落时间估算电磁阻力的大小?

2.20 电磁炮

实验导入

电磁炮的概念是由挪威科学家伯克兰首次正式提出的,他在 1901 年获得了"电火炮"专利。20 世纪是电磁炮高速发展的阶段。第二次世界大战期间,德国和日本都曾进行过相关研究。1958 年,美国洛斯阿拉莫国家实验室率先进行了等离子体电枢的轨道发射试验。1977 年,澳大利亚国立大学的研究团队成功将质量为 3 g 的聚碳酸酯弹丸在 5 m 长的轨道上加速到 5.9 km/s,验证了电磁轨道发射的可行性,从此打开了电磁炮全面研究的大门。1978 年,美国国防部成立了电磁炮发展研究顾问委员会和技术工作小组。此后,全球战略主动防御委员会更是提出了天基电磁炮的研究计划,尝试使用电磁炮来拦截助推阶段的战略导弹。

电磁炮相比传统火炮具有极大的优越性。第一,在提升推进力方面,电磁炮比传统火炮容易得多。第二,电磁炮发射弹丸的速度远大于传统火炮,这在实现快速打击、远程打击和大杀伤打击上具有明显的优势。第三,在稳定性方面,电磁炮利用电磁力推进弹丸,比传统火炮的"爆炸"推进要温和得多。第四,电磁炮主要消耗电能,其使用成本远低于传统火炮,且电磁炮的能量利用率高于传统火炮。基于诸多优势,电磁炮已经成为各国军事研究的前沿课题。

实验目的

利用电磁炮演示电磁加速,加深对电磁感应的理解。

实验原理

目前,有多种实现电磁炮加速的方法,其所应用的原理不尽相同,本书在此只介绍常见的两种。

第一种方法是轨道加速,其原理示意图如图 2-20-1 所示。电磁轨道置于强磁场中,电流从轨道的一侧输入,经过弹丸从另一侧流出(灰色部分为弹丸)。根据安培左手定则,弹丸会受到一个向右的力,在这个力的作用下,弹丸被加速并从导轨右侧发射出去。

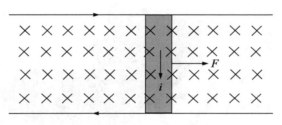

图 2-20-1　轨道加速原理示意图

理论上,如果提供大电流、强磁场和足够长的导轨,可以通过上述方法将物体加速到亚光速。在目前的实际应用中,由于存在诸多损耗和工程技术上的障碍,发射弹丸的速度不可能太高,但依旧可以使弹丸获得杀伤级的速度和动能。

第二种方法是利用交流同轴线圈的电磁感应加速,如图 2-20-2 所示。大线圈为加速线圈,小线圈为弹丸线圈。当加速线圈被通以突变电流时,激发出突变磁场并作用在弹丸线圈上。由于电磁感应,弹丸线圈中会感应出电流。感应电流与加速线圈产生的磁场相互作用,使弹丸受到作用力而加速,并被发射出去。

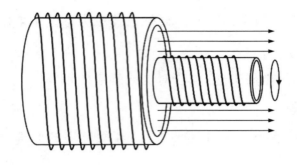

图 2-20-2 交流同轴线圈电磁感应加速示意图

本实验所用电磁炮演示装置如图 2-20-3 所示,主要包含电源、加速线圈、炮管、弹丸、目标靶和炮架等部分,其工作原理是交流同轴线圈电磁感应加速。

图 2-20-3 电磁炮演示装置

💡实验步骤

1.接通电磁炮演示装置电源,固定靶的位置。

2.将弹丸放置在炮膛中,炮筒瞄准靶位。

3.按下启动按钮,观察弹丸的发射。

4.实验结束,关闭电源。

💡注意事项

1.注意用电安全。

2.实验时炮筒应指向空旷处,禁止指向实验设备或实验人员。

💡实验思考

1.本实验所用加速方法与轨道加速各有什么特点?

2.如何实现多级加速?

⚙ **2.21 阻尼摆与非阻尼摆**

💡实验导入

大块导体在磁场中运动时,若导体中的磁通量发生变化,则会产生感应涡电流。根据楞次定律,涡电流在磁场中所受安培力总是阻碍导体的运动,这种现象称为电磁阻尼。在日常生活中,电磁阻尼有着相当广泛的应用。例如,电学测量仪表中的阻尼器可使指针迅速地稳定在平衡位置,汽车工业中的电磁制动器可使汽车迅速刹车等。研究阻尼摆,可以有效地分析电磁阻尼现象的具体过程和原理。

💡实验目的

利用阻尼摆和非阻尼摆演示感应涡电流的机械效应,加深对涡电流与楞次定律的理解。

💡实验原理

阻尼摆和非阻尼摆实验装置如图 2-21-1 所示,主要由金属板制成的摆锤单摆、带隔槽的单摆、支架、励磁线圈、电磁铁和励磁电源等部分组成。

图 2-21-1　阻尼摆与非阻尼摆实验装置

励磁线圈未通电时,电磁铁不能产生磁场,单摆在两块电磁铁间的缝隙中自由摆动。励磁线圈接通电源后,电磁铁产生较强的磁场,由于单摆的运动,摆身不断切割磁感线,导致其磁通量发生变化,因而感应出涡电流。感应涡电流在磁场中受到安培力的作用,根据楞次定律,安培力的作用效果是阻碍单摆运动。若换成带隔槽的单摆,则摆身中的感应涡电流会大大减小,单摆所受阻力也将变小,导致阻尼现象不明显。

💡实验步骤

1.检查单摆在自由条件下能否摆动自如。

2.连接励磁线圈与励磁电源,暂不开启励磁电源。

3.将单摆固定在实验装置的支架上,拉动单摆至一定高度并释放,使单摆在两块电磁铁间的缝隙中摆动,观察实验现象。

4.开启励磁电源,拉动单摆至相同高度并释放,观察实验现象。

5.换上带隔槽的单摆,重复以上步骤。

6.实验结束,关闭电源。

💡注意事项

1.注意用电安全。

2.注意润滑固定单摆的卡口,否则容易引入较大摩擦力,导致阻尼现象不明显。

3.实验完毕后及时关闭励磁电源,以免线圈和电源被烧坏。

4.电磁铁尽量接近摆身,但应避免接触。

💡实验思考

1.为什么换上带隔槽的单摆后阻尼现象要弱得多?

2.电磁阻尼现象除了阻碍相对运动,有没有其他的作用? 能否利用电磁阻尼来实现与阻碍相反的作用?

⚙ 2.22 涡流的热效应

💡实验导入

在大块导体中,感应电流通常为闭合的环形电流,其形状类似于"旋涡",因此这种感应电流称为涡电流,简称涡流。只要存在电阻,就会伴随涡流产生焦耳热,这种效应称为涡流的热效应。金属冶炼就是利用了涡流的热效应:将金属置于附有高频交流电的坩埚中,高频交流电产生的交变磁场产生巨大的磁通变化,因而在金属中感应出很大的涡流,并产生大量的焦耳热,在此热量的作用下金属被熔化冶炼。此外,涡流的热效应在焊接、材料提纯、金属探测等方面也有着重要的应用。

涡流具有两面性,在带来工业生产便利的同时,也会带来危害。例如,涡流使变压器中的铁芯消耗能量并产生热效应,严重时会烧坏变压器。为减少涡流的危害,变压器等电器设备通常采用表面涂有绝缘层的薄硅钢片叠加代替整体的铁芯,以减弱涡流的热效应。

💡实验目的

演示涡流的热效应,加深对涡流的理解。

💡实验原理

涡流热效应实验装置及示意图如图 2-22-1 所示,主要包含励磁线圈、铁芯和闭合金属环(环上有槽)等部分。励磁线圈接通交流电后,在铁芯中激发出交变磁场,从而在闭合金属环中感应出涡流。在涡流的作用下,闭合金属环中产生大量焦耳热,导致温度升高。

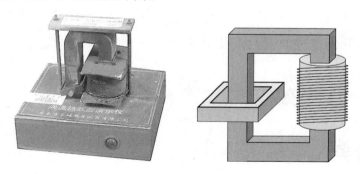

图 2-22-1　涡流热效应实验装置及示意图

以交流电环境下的大块圆柱形导体为例,分析涡流的产生机理。假设圆柱形导体周围缠绕线圈,且线圈中通有交流电,如图 2-22-2 所示。分析可知,线圈所产生的磁场平行于导体轴向。根据楞次定律,感应电流产生的磁场也平行于导体轴向,且其方向与线圈所产生磁场的方向相反。根据安培右手定则,可以判断出感应电流为顺时针或逆时针的环形电流,其方向由磁通量的变化方向决定。

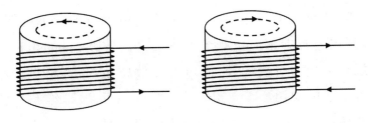

图 2-22-2　涡流的产生机理

实验步骤

1.将蜡块放入闭合金属环上的槽内,开启励磁线圈电源开关,观察蜡块状态。

2.实验结束,关闭电源。

注意事项

1.注意用电安全,注意高温烫伤。

2.励磁线圈不宜长时间工作,实验结束后立即关闭电源。

3.蜡块融化时会产生白烟,观察实验现象时勿靠太近。

实验思考

交变电流使导体内部产生涡流,涡流与原电流作用使导体电流密度分布发生改变,试分析这种改变会产生什么效应。

2.23　压电效应

实验导入

1880 年,法国物理学家皮埃尔·居里(Pierre Curie)和雅克·保罗·居里(Jacques Paul Curie)在实验中发现石英和罗息盐等物质中的机械应变会导致电位的产生,这种现象称为压电效应。1881 年,居里兄弟通过实验验证了数学家加布里埃尔·李普曼(Gabriel Lippman)的推论,即压电体在外电场的作用下会发生形变。

第一次世界大战期间,郎之万(Langevin)利用石英晶体的压电效应制成了水下换能器,成功探测到水下的潜艇。20 世纪 40 年代,研究人员在 $BaTiO_3$ 陶瓷中发现了较强的压电性能,压电材料及其应用取得了划时代意义的进展。

发展到今天,压电效应已被广泛应用于航空航天、新能源、军事、医疗等诸多领域。

实验目的

演示正压电效应与逆压电效应,掌握压电效应的原理。

实验原理

压电效应实验装置如图 2-23-1 所示,主要包含实验箱、电压源、信号发生器、示波器与光屏等部分。

图 2-23-1　压电效应实验装置

一、压电效应

对于钙钛矿型结构的 ABO_3 晶体,温度在 T_c(居里温度)以上时,其相结构为立方相;温度在 T_c 以下时,其相结构为四方相。以 $BaTiO_3$ 陶瓷为例,温度高于 T_c 时,其晶胞为立方体($a=b=c$),Ba^{2+} 与 O^{2-} 的对称中心都位于立方体的中心。由于立方体的高对称性,Ti^{4+} 向各个方向偏离中心位置的概率相等,其统计位置仍位于立方体的中心。因此晶胞中正负电荷的中心是重合的,不会出现电极化,如图 2-23-2(a)所示。温度低于 T_c 时,$BaTiO_3$ 陶瓷的晶胞由立方体转变为四方体($a=b<c$),Ba^{2+} 与 O^{2-} 的对称中心仍重合于立方体的中心。然而,此时 Ti^{4+} 沿 c 方向偏离中心位置的概率远大于 a 方向与 b 方向,其统计位置将沿 c 方向偏离中心位置。因此晶胞中正负电荷的中心不再重合,出现平行于 c 方向的电极化,如图 2-23-2(b)所示。这个电极化的产生与晶体的内因有关,与外加电场无关,因此称为自发极化。

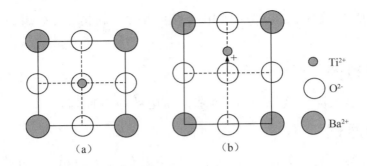

图 2-23-2　BaTiO₃ 陶瓷的自发极化

压电陶瓷是多晶体,由许多大小不一、形状不规则的小晶粒"镶嵌"而成。晶体中自发极化方向一致的区域称为电畴(或铁电畴)。在未加电场的情况下,陶瓷中各电畴的自发极化方向杂乱无章,陶瓷的总极化强度为零,如图 2-23-3(a)所示。施加电场后,陶瓷中各电畴的自发极化方向沿电场方向取向排列,如图 2-23-3(b)所示。撤去电场后,陶瓷中的电畴不能完全恢复到初始状态,各电畴的自发极化强度在原电场方向上保留一定分量(极化强度为矢量),在陶瓷中形成剩余极化强度,如图 2-23-3(c)所示。通过施加外加电场,可以使压电陶瓷中的电畴沿电场方向取向排列,最终产生剩余极化强度,这种操作称为极化。

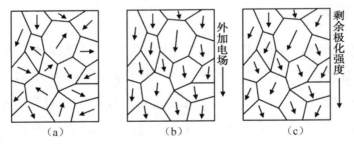

图 2-23-3　压电陶瓷的极化

极化后的陶瓷中出现束缚电荷,在束缚电荷的作用下,陶瓷表面的电极吸附外界自由电荷,如图 2-23-4(a)所示。这些自由电荷与束缚电荷的数值相等而符号相反,屏蔽了陶瓷内极化强度对外界的作用,因此在陶瓷的电极间测量不到电压。平行于压电陶瓷的极化方向施加压力 F,如图 2-23-4(b)所示,陶瓷将产生压缩形变(虚线表示形变后的陶瓷),极化强度减小,导致部分自由电荷被释放而出现放电现象。同理,若平行于压电陶瓷的极化方向施加一个拉力,陶瓷将产生拉伸形变,极化强度增大,陶瓷表面的电极吸附更多自由电荷而出现充电现象。这种因机械形变导致陶瓷极化强度变化,发生电荷的吸附或释放,即机械能转换为电能的现象称为正压电效应。

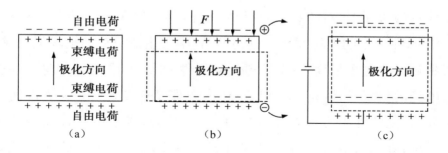

图 2-23-4　压电效应原理示意图

　　沿压电陶瓷的极化强度方向施加一个电场,如图 2-23-4(c)所示,陶瓷的极化强度增大,束缚电荷间的距离增加,导致陶瓷产生伸长的形变(如虚线所示)。同理,若施加反向的电场,陶瓷的极化强度减小,束缚电荷间的距离减小,导致陶瓷产生缩短的形变。这种因外电场作用导致陶瓷极化强度变化,束缚电荷间的距离改变,陶瓷发生机械形变,即电能转换为机械能的现象称为逆压电效应。正压电效应与逆压电效应统称为压电效应。

　　以薄长片压电陶瓷为例,设陶瓷的极化方向与方向 3 平行,电极面与方向3 垂直,如图 2-23-5 所示,其正压电效应和逆压电效应可分别表示为:

$$\sigma_3 = d_{31} T_1$$

$$S_1 = d_{31} E_3$$

　　其中,σ_3 为方向 3 电极面上的面电荷密度,T_1 为沿方向 1 的应力,S_1 为沿方向 1 的应变,E_3 为沿方向 3 的电场强度,d_{31} 为压电常数。压电常数反映压电材料机械效应与电效应之间的耦合,第一个下标表示电效应的方向,第二个下标表示机械效应的方向。

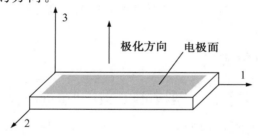

图 2-23-5　薄长片压电陶瓷

二、悬臂梁式压电双晶片

在确定的条件下，对于给定的压电陶瓷，其压电常数为定值。根据 $S_1 = d_{31}E_3$ 可知，在一定的电场强度范围内，陶瓷中产生的应变与电场强度成正比。为了得到较大的电场强度，单个压电陶瓷元件的尺寸（沿电场方向）一般较小；在外加电场的作用下，陶瓷的应变较小，形变难以直接观察。为了得到较大的形变尺寸，常见的处理方法有两种：采用多层结构，或采用复合放大结构。在相同的电场强度下，多层结构利用 N 个压电陶瓷元件形变的累积获得 N 倍形变尺寸，而机械负荷基本保持不变。复合放大结构有悬臂梁、杠杆、铰链与弯曲弹簧等多种，可将压电陶瓷的微小应变放大一定倍数，但结构的机械负荷会降低。

压电双晶片为复合放大结构中的一种，由两层薄压电片对称粘贴在一块弹性梁上构成，呈"压电片|弹性梁|压电片"结构。根据压电片极化方向的不同，可将压电双晶片分为串联式与并联式。本实验所用悬臂梁式压电双晶片为并联压电双晶片，结构如图 2-23-6（a）所示。根据 $S_1 = d_{31}E_3$ 可知，沿压电片厚度方向，即平行于压电片极化方向施加电场时，压电片将沿长度方向发生形变。若加在上下压电片上的电场强度不同，则两压电片沿长度方向发生形变的尺寸也不相同，导致压电双晶片发生弯曲，悬臂梁的自由端产生位移，如图 2-23-6（b）所示。

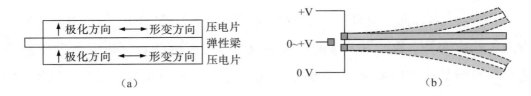

图 2-23-6　悬臂梁式压电双晶片

三、演示逆压电效应

虽然多层结构与复合放大结构可以"放大"压电陶瓷的应变，但是实际形变的尺寸仍然较小，肉眼难以直接分辨。为了演示压电陶瓷中的逆压电效应，常用的方法有声波法、成像法与光学法等。

在压电陶瓷的电极上施加交变电压信号,陶瓷中会产生周期性变化的应变。这种周期性变化的应变是一种机械振动,可以产生在空气中传播的机械波。交变电压信号的频率在 $20 \sim 20000$ Hz 范围时,压电陶瓷可以发出人耳可听到的声波,这种方法为声波法。利用显微镜与 CCD 成像系统等设备,可以将压电陶瓷的微小形变放大并显示在监控屏幕上,这种方法为成像法。利用牛顿环、劈尖、迈克尔逊干涉仪等装置,可以将压电陶瓷的微小形变转换为干涉条纹的移动,这种方法为光学法。

本实验利用光杠杆演示压电双晶片中的逆压电效应,示意图如图 2-23-7 所示。悬臂梁式压电双晶片的固定端安装在载物台左侧的支架上,光杠杆的后足放置在悬臂梁的自由端,前足放置在载物台右侧的平台上。激光器发射激光束,经镜面反射后在光屏上形成光点。在压电双晶片的电极上施加直流电压,悬臂梁的自由端带动光杠杆后足产生一个微小位移 δ_h,设光杠杆后足与前足中心的距离为 b,镜面与光屏的距离为 D,光点移动的距离为 h,则有:

$$h = \frac{2D}{b}\delta_h$$

需要的条件是: $\delta_h \ll b$, $h \ll D$ 。

由公式可知,光杠杆可以放大压电双晶片的微小形变,放大倍数为 $2D/b$;光屏上光点的移动体现了压电双晶片中的逆压电效应。

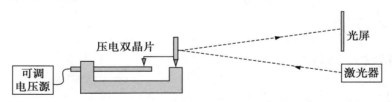

图 2-23-7 逆压电效应示意图

四、演示正压电效应

对于薄长片压电陶瓷,沿长度方向的应力会引起厚度方向上电极电荷面密度的变化。根据 $\sigma_3 = d_{31} T_1$ 可知,在一定的应力范围内,电极上的电荷变化量与应力成正比。为了演示压电陶瓷中的正压电效应,常用的方法有发声法、发光法与电压法等。

轻轻敲击压电陶瓷片,或将它贴在机械手表等振动源的表面,机械振动会激励电陶瓷片产生形变,电极间产生变化的电压信号;电压信号由功率放大电路放大后可驱动扬声器发声,这种方法为发声法。轻弹压电陶瓷片,电极上产生的电流可点亮发光二极管;敲击点火器中的压电晶体,产生的电压可点亮氖管或日光灯,这种方法为发光法。轻轻按压压电陶瓷片,电极两端产生的电压可以使机械电压表的指针发生偏转,这种方法为电压法。

本实验利用示波器观察电压信号,演示压电双晶片中的正压电效应,如图2-23-8所示。悬臂梁的固定端安装在载物台左侧的支架上,自由端的底面贴有永磁铁;支架底部正对永磁铁处装有电磁铁,在激励源的激励下可产生变化的磁场。设置激励源输出交变的激励信号(如正弦),在磁场的相互作用下,压电双晶片中产生周期性变化的应力,导致电极上出现周期性变化的电压信号。在一定的频率范围内,电压信号与激励信号的频率相同,并保持同相或反相,体现了压电双晶片中的正压电效应。

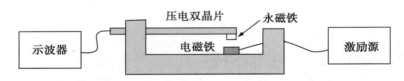

图 2-23-8 正压电效应示意图

💡实验步骤

一、演示逆压电效应

1.将压电双晶片的电极引线接到可调电压源上。

2.将光杠杆的前足放置在支架平台上,后足放置在悬臂梁的自由端。

3.接通激光器电源,调整激光器、镜面与光屏,使光点位于光屏中心附近。

4.接通可调电压源,调节输出电压从 0 V 依次递增,观察光点位置的变化。

5.调节电压源的输出电压依次递减,观察光点位置的变化。

6.实验结束,关闭电源;短接压电双晶片的引线,放掉电荷。

二、演示正压电效应

1.将压电双晶片的电极引线接到示波器的 X 通道,激励信号接到 Y 通道。

2.接通电源,设置激励源输出 20 Hz 的正弦信号,调节信号幅度,在示波器中观察压电双晶片电极上的电压信号。

3.调节激励信号的频率,在示波器中观察压电双晶片电极上的电压信号。

4.实验结束,关闭电源;短接压电双晶片的引线,放掉电荷。

💡注意事项

1.注意用电安全。

2.可调电压源的最大输出电压不宜过大,以免压电材料去极化。本实验中最大电压应低于 150 V。

3.激励源的输出幅度不宜过大,以免超出压电双晶片的承受极限,实验时应缓慢调节。

4.若逆压电效应现象不明显,可适当增大镜面与光屏的距离,或将光点反射到远处的墙上。

5.电压源输出电压变化较小时,光点移动现象不明显,实验时可每次变化 10 V。

💡实验思考

1.生活中有哪些物品应用了正压电效应? 哪些应用了逆压电效应?

2.同一块压电体能否同时产生正压电效应和逆压电效应,为什么?

⚙ 2.24　常温磁悬浮

💡实验导入

目前的悬浮技术有磁悬浮、声悬浮、电悬浮、气流悬浮等,其中比较成熟的是磁悬浮。实现磁悬浮的技术有多种,例如超导斥力悬浮、超导钉扎悬浮(量子悬浮)、涡流悬浮、谐振悬浮、自旋稳定悬浮、主动控制悬浮等。

💡实验目的

演示地球仪的悬浮现象,了解利用电磁感应反馈信号进行调控实现常温磁悬浮的原理。

💡实验原理

常温磁悬浮演示实验装置如图 2-24-1 所示，主要包含地球仪与支架两部分。地球仪北极内部贴有永磁体，支架上端装有永磁体、励磁线圈和磁敏感元件。地球仪北极的永磁体与支架上端的永磁体相互吸引，其作用力足以克服地球仪的重力，使地球仪悬浮在空中。但由于永磁体间的作用力随距离增加而迅速减小，因而很难实现室温条件下的磁悬浮。利用支架上端的磁敏感元件和励磁线圈实现负反馈调控，可以解决稳定性问题，使地球仪达到稳定悬浮的状态。

图 2-24-1　常温磁悬浮演示实验装置

💡实验步骤

1.接通演示仪电源。

2.双手持地球仪，使地球仪北极向上并缓慢靠近支架上端，仔细感受地球仪重力对手的作用。

3.到达某一位置后，地球仪重力对手的作用消失，此时平稳缓慢地移开双手，地球仪将悬浮在空中。

4.轻轻转动地球仪，模拟地球的自转。

5.实验结束，用手移开地球仪，关闭电源。

💡注意事项

1.演示结束后，应先取下地球仪，再断开电源。

2.放置地球仪时应缓慢平稳地进行，并且在演示过程中不能有太大的干扰，以免超出演示装置的调控范围。

💡实验思考

1.调控线圈是如何作用在该力学系统中的?

2.是否可以通过线圈取代所有的永磁体?

⚙ 2.25　单相旋转磁场

💡实验导入

磁场广泛存在于空间中,不由实际的物质构成,是一种客观存在、不能被直接感知的物质。与电场相似,磁场是矢量场,在一定空间区域内连续分布,具有辐射特性。磁场可以与磁体相互作用,也可以与电场相互作用,在电磁耦合中有重要意义。静止磁场与恒定磁场在生活中应用广泛,如质谱仪、霍尔器件、回旋加速器等。变化的磁场同样应用广泛,如大多数电动机通过旋转磁场驱动动力输出。大功率电动机多用三相交流电产生旋转磁场,磁场间的相位差为 $2\pi/3$。单相交流电产生的旋转磁场一般用于小功率场合,如吹风机、压缩机、风扇等。一般来说,实际应用中旋转磁场的磁感应强度大小不变,方向随时间周期性连续变化。

💡实验目的

演示单相旋转磁场,加深对单相旋转磁场和交流电的理解。

💡实验原理

单相旋转磁场演示实验装置如图 2-25-1(a)所示,主要包含实验仪和空心铜球两部分。实验仪中垂直固定有两个参数相同或相近的线圈,线圈间的连接方式如图 2-25-1(b)所示。

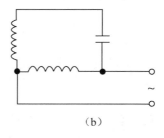

（a）　　　　　　　　　　　（b）

图 2-25-1　单相旋转磁场演示实验装置及线圈间的连接方式

两线圈通电后,各自沿轴向产生磁场。由于相互垂直,它们所产生的磁场也相互垂直,如图 2-25-2 所示。

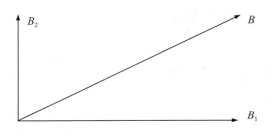

图 2-25-2 线圈产生的磁场

根据矢量运算分析,为使和矢量的方向随时间周期性变化,必须使两个磁场的相位不同;为使和矢量的大小(即磁感应强度的大小)保持不变,必须使两个磁场的相位差为 π/2。单相旋转磁场实验仪的工作电流为单相交变电流,可通过电容实现相移。线圈 1 产生的磁场为:

$$B_1 = B_{10} \sin \omega t$$

线圈 2 产生的磁场为:

$$B_2 = B_{20} \sin\left(\omega t + \frac{\pi}{2}\right) = B_{20} \cos \omega t$$

由于输入的电流为同一电流源,且两线圈的参数相同或相近,因此线圈中的电流峰值相等,所产生的初始磁感应强度大小也相同,即 $B_{10} = B_{20} = B_0$。通过矢量合成,可以得到合磁场的磁感应强度为:

$$B = \sqrt{B_1^2 + B_2^2} = B_0$$

显然,合磁场的磁感应强度大小为一恒定值。设合磁场方向与线圈 2 的磁场方向间的夹角为 θ,则:

$$\tan \theta = \frac{B_1}{B_2} = \tan \omega t$$

即:

$$\theta = \omega t$$

由此可见,两个线圈的合磁场是一个大小恒定但方向随时间周期性转动的磁场。根据楞次定律可知,该磁场中的导体会感应出涡流并随磁场一起转动,且导体的转动速度落后于磁场的转动速度。

💡实验步骤

1.向实验仪的水槽中加入适量的水,将空心铜球放入水槽。

2.接通电源,打开实验仪电源开关。

3.观察铜球的运动状态。

4.实验结束,关闭电源,清理水槽。

💡注意事项

1.本实验同时用到水和交流电,实验时尤其需要注意用电安全。

2.可以在铜球上适当做标记,以便观察铜球的运动状态。

💡实验思考

1.如何选择适当的电容,电容应该如何计算?

2.若放置一根磁针,则磁针的运动与哪些因素有关?

⚙ 2.26 电磁波模型

💡实验导入

随时间变化的电场可以感应出磁场,随时间变化的磁场也可以感应出电场,这个过程反复进行,使变化的电场和磁场由近及远地传播出去,形成电磁波。变化的电场和磁场总是相互联系的,通常采用电场强度 E 和磁感应强度 B 来描述电磁场或电磁波。

💡实验目的

通过观察电磁波模型,加深对电磁波的理解。

💡实验原理

电磁波模型实验装置如图 2-26-1 所示。电磁波的电场和磁场是相互垂直的,通常用微分形式的麦克斯韦方程组描述电磁波的行为和特性。

$$\nabla \times \boldsymbol{H} = \boldsymbol{J}_0 + \frac{\partial \boldsymbol{D}}{\partial t}$$

$$\nabla \times \boldsymbol{E} = \frac{\partial \boldsymbol{B}}{\partial t}$$

$$\nabla \cdot \boldsymbol{D} = \rho_0$$

$$\nabla \cdot \boldsymbol{B} = 0$$

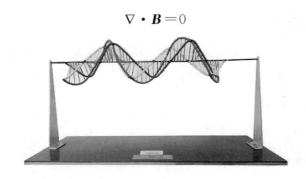

图 2-26-1　电磁波模型实验装置

电磁波为横波,其传播方向垂直于电场和磁场。电场和磁场在空间中交替激励形成电磁波,将能量以一定功率进行传输,通常用坡印亭矢量(Poynting Vector)来描述,即:

$$\boldsymbol{S} = \boldsymbol{E} \times \boldsymbol{H} = \frac{1}{\mu} \boldsymbol{E} \times \boldsymbol{B}$$

其中,$\boldsymbol{S}$ 为坡印廷矢量,$\boldsymbol{H}$ 为磁场强度,μ 为磁导率。坡印亭矢量描述的是单位时间内垂直流过单位面积的电磁能,单位符号为 W/m^2。

根据频率由低到高,电磁波可分为工频电磁波、无线电波、红外线、可见光、紫外线、X 射线、γ 射线,频率越高,电磁波的能量越高。对于高能电磁波,其携带的能量可以激发一些原子的外层电子跃迁,也可以破坏有机体的组织结构。因此,应避免长期接触高能电磁波。

💡实验步骤

1. 观察电磁波模型。

2. 体会电磁场的矢量性。

💡注意事项

1. 模型容易受力发生形变,勿直接触摸。

2. 沿着电磁波模型的"传播方向"观察,效果更佳。

💡实验思考

光波是电磁波的一种,具有线偏振的光波模型应该是怎样的形式?

2.27 居里点

实验导入

1898 年,皮埃尔·居里与他的妻子玛丽·居里(居里夫人)在沥青矿中分离出了放射性物质钋和镭,他们因此获得了 1903 年的诺贝尔物理学奖。在转入放射性研究前,皮埃尔的主要研究领域为晶体。1880 年,皮埃尔与哥哥雅克·保罗·居里共同发现了压电效应。1883 年起,皮埃尔开始独立研究晶体结构和物体的磁性,并取得了卓越的成果。1895 年,皮埃尔总结了现在的居里定律:顺磁体的磁化率正比于其绝对温度。由于皮埃尔在磁性研究方面的巨大贡献,人们将铁磁相到顺磁相的转变温度称为居里点或居里温度。

实验目的

通过铁磁相到顺磁相的相变演示居里点,加深对居里点的理解。

实验原理

存在自发磁化的物体为铁磁体,铁磁体可以看作是由许多自发磁化方向相同的小区域构成的,这种自发磁化方向相同的小区域叫作磁畴。单个磁畴具有固定的磁矩,但是由于物质中磁畴的取向是随机的,因此铁磁体在宏观上通常不显示磁性。在外加磁场的作用下,铁磁体内部每个磁畴的磁矩方向会沿着外磁场的方向偏转,因而造成磁矩的有序化。撤去外磁场后,磁畴的磁矩方向并不会完全恢复,因此在宏观上存在剩余磁化。铁磁体的磁化强度与外加磁场为非线性关系,且存在滞回现象(磁滞回线),如图 2-27-1 所示。

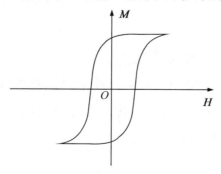

图 2-27-1 磁滞回线

当具有剩余磁化的铁磁体处于高温环境下时,磁畴的有序性会崩塌,铁磁体将恢复未磁化时的状态。这个失去磁畴有序化的过程称为相变。发生相变时,铁磁体由铁磁相转变到顺磁相,此时对应的温度称为居里温度或居里点。

居里点实验装置示意图如图 2-27-2 所示,主要包含支架、镍金属块、悬线、酒精灯以及永磁体等部分。在居里点以下时,镍金属块处于铁磁相,可以被永磁体磁化,即镍金属块与永磁体之间存在相互作用力。此时,悬线与竖直方向之间存在一定夹角。当被酒精灯加热到居里点时,镍金属块由铁磁相转变为顺磁相,磁畴的有序化消失。此时,镍金属块与永磁体之间不存在相互作用力,在重力的作用下,镍金属块将最终停留在虚线所示位置。通过镍金属块的运动状态,可以观察到居里点时的相变。如果在镍金属块上安装热电偶等测温元件,则可以测出镍的居里点。

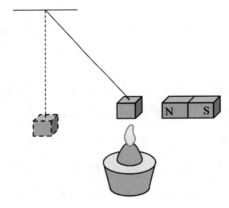

图 2-27-2　居里点实验装置示意图

💡实验步骤

1.固定好支架与永磁体。

2.将镍金属块用悬线固定在支架上。

3.拉动镍金属块靠近永磁体,确保它被永磁体吸引住。

4.点燃酒精灯,加热镍金属块,并观察镍金属块的状态。

5.实验结束,熄灭酒精灯。

💡注意事项

1.使用酒精灯时注意用火安全。

2.加热后的镍金属块温度较高,禁止用手触摸,防止烫伤。

3.发生相变后镍金属块将自由摆动,采取必要措施避免其碰撞其他物体。

实验思考

如果将镍块换成铁块,本实验是否还可以进行?

3 　光学篇

⚙ 3.1 　单缝衍射

💡实验导入

弗朗西斯科·格里马第(Francesco Grimaldi)在 1665 年发现了光的衍射效应并加以描述,他也是"衍射"一词的创始人。然而在 19 世纪以前,牛顿的光粒子说占据着权威地位,格里马第的衍射一说没有被正确地接受。直到 19 世纪以后,诸多科学家(如托马斯·杨、奥古斯丁·菲涅耳等)用实验证明了光的波动性质。证明光存在衍射的决定性事件是由泊松提出的实验:当光射向一个不透明的圆面时,若它能够发生衍射,则在圆面阴影的中心能够出现一个亮斑。最后,在法国科学院的组织下,菲涅耳和阿拉果在实验中观察到了阴影区中心的亮斑,这个亮斑后来被称为泊松光斑。

💡实验目的

演示单缝衍射现象,加深对夫琅禾费单缝衍射的理解。

💡实验原理

单缝衍射实验装置如图 3-1-1 所示,主要包含激光器、可调缝宽单缝板、光屏和光学导轨等部分。

图 3-1-1　单缝衍射实验装置

　　单缝衍射实验示意图如图 3-1-2 所示。一束单色平行光经过一条狭缝时,在狭缝后的光屏上会出现一些对称的亮条纹,这就是单缝衍射现象。根据惠更斯-菲涅耳原理,狭缝处光波波前上的每一点相当于可以发出球面次波的子光源,空间某点处的光振动是所有这些次波在该点的相干叠加结果,即单缝衍射图样就是这些子光源产生的光波的叠加结果。为了描述波的衍射现象,人们提出了多种模型,包括菲涅耳-基尔霍夫衍射公式、夫琅禾费衍射模型以及菲涅耳衍射模型等。根据衍射发生的条件,可将衍射分为两类:近场近似和远场近似。满足 $d^2 \geqslant L\lambda$(其中 d 为狭缝宽度,λ 为波长,L 为屏与狭缝间的距离)时为近场近似,这种衍射称为菲涅耳衍射;满足 $d^2 \leqslant L\lambda$ 时为远场近似,这种衍射称为夫琅禾费衍射。在本实验中,所演示的单缝衍射为夫琅禾费衍射。

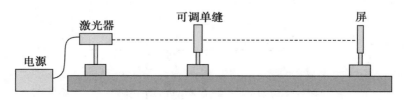

图 3-1-2　单缝衍射实验示意图

　　为了分析夫琅禾费衍射条纹的分布情况,将宽度为 d 的单缝分为宽度各为 $d/2$ 的上下两部分,如图 3-1-3 所示。根据惠更斯-菲涅耳原理,上部分狭缝顶端的一束光和下部分狭缝顶端的一束光(两束光为相干光,由同一波前上的子波源发出,波长都为 λ)在光屏上某处 P 点叠加。当两束光由波源到 P 点的光程差为半波长的奇数倍时,两束光叠加相消,P 点将出现暗条纹。当该光程差为半波长的偶数倍时,两束光叠加相长,P 点将出现亮条纹。根据图 3-1-3 可知,两束光的光程差为:

$$\Delta l = \frac{d}{2}\sin\theta$$

因此,单缝衍射形成暗条纹的条件是:

$$d\sin\theta = \pm k\lambda,(k=0,1,2,\cdots)$$

形成亮条纹的条件是:

$$d\sin\theta = \pm(2k+1)\frac{\lambda}{2},(k=0,1,2,\cdots)$$

分析可知,单缝宽度越小,衍射越显著;单缝宽度越大,衍射越不明显。进一步分析可得到衍射角为 θ 时夫琅禾费衍射光的光强分布:

$$I = \left(A\,\frac{\sin\beta}{\beta}\right)^2 = I_0\left(\frac{\sin\beta}{\beta}\right)^2$$

$$\beta = \frac{\pi d\sin\theta}{\lambda}$$

分析可知,中央亮条纹的光强最大,且各级亮条纹的光强由中央向两边迅速减小。

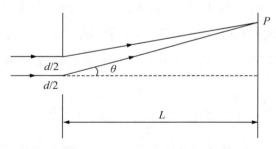

图 3-1-3　夫琅禾费衍射光路

☀️实验步骤

1.将激光器、可调缝宽单缝板和光屏安装在光学导轨上。

2.调节激光器、可调缝宽单缝板和光屏的相对高度,使三者等高(光束平行入射单缝板)。

3.打开激光器电源,观察光屏上的衍射图样。

4.改变单缝的宽度,观察衍射图样的变化。

5.实验结束,关闭电源。

注意事项

1.注意用电安全。

2.激光的能量密度较大,禁止直射人眼,以免造成伤害。

3.调节单缝宽度时应注意避免缝宽太大,光屏尽量远离单缝板。

实验思考

1.随着缝宽增加,衍射图样怎样变化?

2.为什么单缝宽度不宜太大且光屏要尽量远离单缝板?

3.2 杨氏双缝干涉

实验导入

19世纪以前,以牛顿为核心的光粒子说禁锢了人们对光的认识。19世纪初,托马斯·杨在论文《声和光的实验和探索纲要》中指出:尽管我仰慕牛顿的大名,但是我并不因此而认为他是万无一失的。在此之前,托马斯·杨做出了著名的双缝干涉实验,为光的波动说奠定了基础。

实验目的

演示双缝干涉现象,加深对双缝干涉的理解。

实验原理

双缝干涉实验装置如图3-2-1所示,主要包含激光器、双缝板、光屏和光学导轨等部分。

图3-2-1 双缝干涉实验装置

振动方向相同、振动频率相同且相位差恒定的光为相干光,两束相干光在空间中重叠时会产生干涉现象。根据波的叠加原理,在多列波的重合区域内,某点处的振动位移等于各个波单独在该点所引起质点振动位移的矢量和。在两束相干光的重叠区域内,某些位置发生光波波峰—波峰(或波谷—波谷)的叠加,这些区域内光的振动位移被加强,称为干涉相长。同时,某些位置发生光波波峰—波谷(或波谷—波峰)的叠加,这些区域内光的振动位移被削弱甚至抵消,称为干涉相消。

双缝干涉实验示意图如图 3-2-2 所示,根据惠更斯-菲涅耳原理,当平行光波垂直入射多个狭缝时,各狭缝出射的光是由同一光波波前上的不同子光源发出的,即各出射光是相干的。双缝干涉实验原理示意图如图 3-2-3 所示,在狭缝 S_1 和 S_2 的左侧垂直平分线上有一个激光光源,当两狭缝距离较近时,可认为激光光束垂直入射两狭缝,此时两狭缝的出射光为相干光。设两狭缝间的距离为 d,狭缝到光屏的距离为 r_0,根据几何光学,两狭缝到屏上 P 点的光程差为:

$$\delta = r_2 - r_1 = d \sin \theta$$

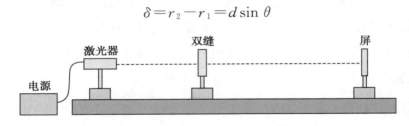

图 3-2-2　双缝干涉实验示意图

若光程差为光波波长的整数倍,即相位差为 2π 的整数倍,则两出射光干涉相长,且对应的光强为极大值。若光程差为半波长的奇数倍,即相位差为 π 的奇数倍,则两出射光干涉相消,且对应的光强为极小值。随着 P 点与 O 点间距离的变化,光强的极大值与极小值交替出现,在光屏上形成亮暗交替的条纹。

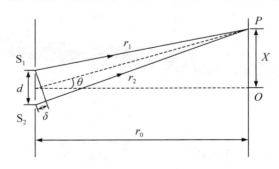

图 3-2-3　双缝干涉实验原理示意图

在图 3-2-3 中,当 θ 较小时有:

$$\sin\theta \approx \frac{X}{r_0}$$

因此,在光强为极大值处有:

$$\delta = k\lambda = d\sin\theta = d\frac{X}{r_0}$$

解得:

$$X = \frac{r_0}{d}k\lambda,(k=0,\pm1,\pm2,\cdots)$$

在光强为极小值处有:

$$\delta = (2k+1)\frac{\lambda}{2} = d\sin\theta = d\frac{X}{r_0}$$

解得:

$$X = \frac{r_0}{d}\left(k+\frac{1}{2}\right)\lambda,(k=0,\pm1,\pm2,\cdots)$$

🔆实验步骤

1.将激光器、双缝板和光屏安装在光学导轨上。

2.调节激光器、双缝板和光屏的相对高度,使三者等高,且光束垂直入射双缝板。

3.打开激光器电源,调节激光器、双缝板和光屏的相对位置,使光屏上产生亮暗相间的条纹。

4.改变双缝的宽度与间距,观察干涉图样的变化。

5.实验结束,关闭电源。

🔆注意事项

1.注意用电安全。

2.激光的能量密度较大,禁止直射人眼,以免造成伤害。

🔆实验思考

1.若用白光代替激光,会出现什么样的情况?

2.随着双缝的增大,条纹是怎么变化的?

⚙ 3.3 薄膜干涉

💡实验导入

当薄膜上的反射与折射满足一定条件时,外表面处的反射光与内表面处的反射光可以发生干涉现象,称为薄膜干涉。根据产生干涉的形式不同,可将薄膜干涉分为两种类型:等厚干涉与等倾干涉。等厚干涉的特点是薄膜厚度相同的地方形成同一条干涉条纹,典型的例子是牛顿环和楔形平板干涉。等倾干涉的特点是入射角相同的光线形成同一条干涉条纹,可用于测定工件的平整度等。日常生活中薄膜干涉应用广泛,如相机镜头上的增透膜与汽车玻璃上的增反膜等。

💡实验目的

通过肥皂膜演示薄膜的等厚干涉现象,加深对干涉概念的理解。

💡实验原理

本实验所用装置主要包含肥皂液、铁丝圈、扩束装置、激光器与电源等部分,激光器产生的单色光经扩展后照射在铁丝圈上的肥皂膜表面,形成干涉条纹。

振动方向相同、振动频率相同且相位差恒定的相干光才能产生稳定的干涉图样,且两束相干光的振幅相同时干涉现象最明显。当一束单色光照射到薄膜表面时,对于空间中的 P 点,其接收到的反射光由两部分组成,如图3-3-1所示。一部分反射光的光路为 $S-A-P$,即入射光在外表面 A 点发生反射后到达 P 点。另一部分反射光的光路为 $S-A-O-A_1-P$,即入射光在外表面 A 点发生折射后进入薄膜,并在内表面 O 点发生反射,反射后的光线在外表面 A_1 点发生折射后到达 P 点。

假设空气的折射率为 n_0,薄膜的折射率为 n,入射点 A 处薄膜的厚度为 d,入射光线与薄膜法线间的夹角为 θ,如图 3-3-1 所示。分析可知,当光线垂直入射(即 $\theta=0$)时,两部分反射光的光程差为:

$$\Delta = 2nd + \frac{\lambda}{2}$$

其中,$\lambda/2$ 为半波损造成的光程差。

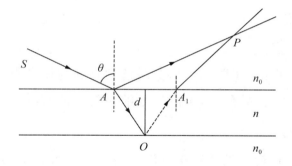

图 3-3-1　薄膜干涉原理示意图

　　由于重力的作用,薄膜各处的厚度不尽形同,因此光线入射到不同位置时的光程差也不相同。根据干涉光强的分布,当光程差为波长的整数倍时,两列光干涉相长;当光程差为半波长的奇数倍时,两列光干涉相消。因此,形成亮条纹的条件为:

$$\Delta = 2nd + \frac{\lambda}{2} = k\lambda, (k = 1, 2, 3, \cdots)$$

形成暗条纹的条件为:

$$\Delta = 2nd + \frac{\lambda}{2} = (2k+1)\frac{\lambda}{2}, (k = 0, 1, 2, \cdots)$$

　　根据以上分析可知,每一级亮条纹或暗条纹都与一定的薄膜厚度 d 对应。换而言之,薄膜上厚度相同的地方将形成同一级干涉条纹,且亮条纹与暗条纹沿薄膜厚度的梯度方向交替出现。若入射光为白光,由于不同波长(即颜色不同)的光在相同位置产生的相位差不同,所以所形成的干涉条纹是彩色的。

实验步骤

1.在洗洁精中添加适量的甘油,再加入清水,调制成肥皂水。

2.固定铁丝圈、扩束装置与激光器,使三者中心等高。

3.将铁丝圈浸入肥皂液中,然后轻轻地移开肥皂液,使铁丝圈上形成一层肥皂薄膜。

4.在自然光(白光)的照射下,观察薄膜表面的干涉现象。

5.打开激光器的电源,用扩束后的单色激光照射薄膜,观察薄膜表面的干涉现象,并与自然光照射下的现象作对比。

6.实验结束,关闭电源。

☀注意事项

1.注意用电安全。

2.防止肥皂水溅出，实验结束后及时清理桌面与铁丝圈。

3.适当调节肥皂膜的角度，可产生足够多的干涉条纹。

☀实验思考

1.分割光束得到相干光的常用方法有哪些？本实验采用了哪种方法？

2.为什么肥皂膜的上部呈现黑色，且逐渐扩大？

🔩 3.4　菲涅耳透镜

☀实验导入

菲涅耳透镜结构轻薄、加工简单并能保持良好的光学性能，被广泛地应用在多个领域。在投影领域，菲涅耳透镜可以使光源发出的光均匀平行地投射出去，减少热斑效应。在太阳能领域，菲涅耳透镜作为聚光器可以提高太阳能的利用率。在灯塔信号中，菲涅耳透镜具有良好的透光率和较小的发散角，可以使信号光线传播数十千米，这也是菲涅耳透镜的最初应用。

☀实验目的

观察菲涅耳透镜，了解其工作原理。

☀实验原理

菲涅耳透镜如图 3-4-1 所示，其加工原理示意图如图 3-4-2 所示，其中图（b）为菲涅耳透镜的截面示意图，它所等效的平凸透镜截面如图（c）所示。

图 3-4-1　菲涅耳透镜

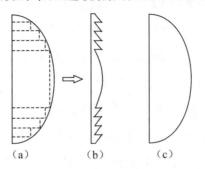

图 3-4-2　菲涅耳透镜加工原理示意图

根据图 3-4-2(b)可知,菲涅耳透镜的一侧光滑且平整,另一侧由锯齿状的同心圆构成。从加工原理上看,与平凸透镜相比,菲涅耳透镜只是去掉了透镜中光线直线传播的部分,透镜的光学性质并没有改变。菲涅耳透镜与平凸透镜一样具有聚光作用,其光路图如图 3-4-3 所示。但是,菲涅耳透镜对光线的折射已经不连续,其成像质量不如普通的平凸透镜。

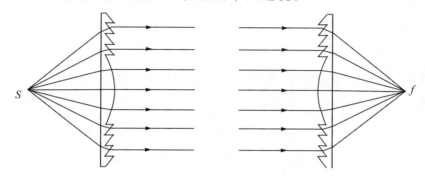

图 3-4-3　菲涅耳透镜光路图

💡实验步骤

1.实验人员 A 从菲涅耳透镜的 a 侧由近及远缓慢移动。

2.实验人员 B 从菲涅耳透镜的 b 侧观察成像的变化,并与普通凸透镜比较。

3.实验人员 A 从菲涅耳透镜的 b 侧由近及远缓慢移动。

4.实验人员 B 从菲涅耳透镜的 a 侧观察成像的变化,并与普通凸透镜比较。

💡注意事项

1.移动菲涅耳透镜时避免磕碰。

2.禁止用力触摸透镜,以免造成透镜弯曲。

💡实验思考

1.若将两个菲涅耳透镜叠放,那么组合透镜的焦距将如何变化?

2.试列举菲涅耳透镜的其他应用。

⚙ 3.5 双曲面镜成像

💡实验导入

与平面镜不同,曲面镜的反射面是弯曲的,且根据反射面的弯曲方向可将其分为两类:凸面镜和凹面镜。凸面镜又称发散镜,将平行入射的光线向四周反射。这种反射不能形成实像,一般只能形成虚像。凸面镜的焦点和曲率中心都在镜面内侧,可以使影像压缩,相比于平面镜具有更大的视场。因此,凸面镜常见于道路的转弯处,用以增大驾驶员的视野,减小盲区。凹面镜又称汇聚镜,可将平行入射的光线汇聚到一点。根据光的可逆性,凹面镜也可将该点处点光源发出的光线平行射出。因此,凹面镜常见于照明装置,如汽车的车灯等。

💡实验目的

演示双曲面镜成像,理解双曲面镜成像的原理。

💡实验原理

在数学上已经证明:由抛物线焦点发出的光线,经抛物线反射后,其传播方向平行于两焦点所在轴线,如图 3-5-1 所示。同理,平行于轴线的入射光,经抛物面反射后,将汇聚在焦点。在本实验中,所用曲面镜的反射面即为抛物面,如图 3-5-2 所示。实验装置主要包含成像物体和两个抛物面反射镜,其中成像物体置于系统底部,顶部的反射镜中心开有圆形缺口,用于观察成像。

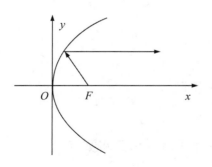

图 3-5-1 抛物面光路图   图 3-5-2 双曲面镜成像实验装置

双曲面镜成像原理示意图如图 3-5-3 所示,A 点为顶部抛物面的焦点,O 点为底部抛物面的焦点,且 A、O 两点所在直线为两抛物面的轴线。由 A 点发出的光线被顶部抛物面反射,且反射光的传播方向平行于轴线,即 B_1C_1 // AO、B_2C_2 // AO。对于底部抛物面来说,B_1C_1 与 B_2C_2 为平行于轴线的入射光,根据抛物面的特点,两束光线将汇聚于 O 点。将成像物体置于 A 点,经两个抛物面反射镜成像后,在缺口处形成一个悬浮的像,给人一种"看得见、摸不着"的错觉。

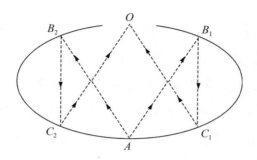

图 3-5-3　双曲面镜成像原理示意图

💡实验步骤

1.将双曲面镜放置在水平实验台上。

2.打开顶部的曲面镜,将成像物体放置在底部曲面镜的中心。

3.扣上顶部的曲面镜,观察成像。

💡注意事项

1.本实验对反射面的光滑度有要求,实验过程中注意避免指纹等污染镜面。

2.禁止随意用任何不明液体或药水纸擦拭反射镜面。

💡实验思考

有哪些应用是利用双曲面镜成像的?

⚙️ 3.6　光学幻影

💡实验导入

光学成像可分为面镜成像和透镜成像,其中,面镜成像包含平面镜成像和曲面镜成像,透镜成像包含凸透镜成像和凹透镜成像。在双曲面镜成像实验中,两个相对放置的凹面镜可以形成"看得见、摸不着"的像。实际上,只用一个凹面镜也可以实现这种情况,光学幻影就是其中一种。

☀️实验目的

演示凹面镜成像,加深对凹面镜成像的理解。

☀️实验原理

光学幻影实验装置及原理示意图如图 3-6-1 所示,主要包含凹面镜、平面半透半反镜和成像物体等部分。图中 Q 为凹面镜,M 为半透半反镜,A 为成像物体;所有部件都封装在箱体内,箱体左侧开有观察窗口。A 点发出的光线穿过半透半反镜 M,并在凹面镜表面发生发射。若撤去半透半反镜 M,则反射光线将在S′点成像;若半透半反镜存在,则反射光线在 M 表面再次发生反射,最终在 S 点成像。

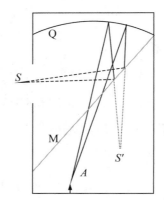

图 3-6-1　光学幻影实验装置及原理示意图

凹面镜成像的特点是:

(1)当物距小于焦距时,成正立、放大的虚像,且物体离镜面越近,所成的像越小。

(2)当物距等于焦距时,反射光线平行于主轴出射,因此不能成像。

(3)当物距在 1 倍到 2 倍焦距之间时,成倒立、放大的实像,且物体离镜面越远,所成的像越小。

(4)当物距等于 2 倍焦距时,成倒立、等大的实像。

(5)当物距大于 2 倍焦距时,成倒立、缩小的实像,且物体离镜面越远,所成的像越小。

综合来看,凹面镜所成的实像与物体同侧,所成的虚像与物体异侧。在本实验中,成像物体置于凹面镜 2 倍焦距处,所成的像为倒立、等大的实像。

💡实验步骤

1.接通电源,通过窗口观察幻影。

2.实验结束,关闭电源。

💡注意事项

1.注意用电安全。

2.禁止用手或者毛巾擦拭镜面,如需清理,可用镜头纸轻轻擦拭。

3.禁止将手伸入装置内部。

💡实验思考

1.如果人眼很靠近"像",则能够看到两个像,这是为什么?

2.我们实际所观察的像是实像还是虚像?

3.7 光纤传像

💡实验导入

光纤是光导纤维的简称,通常由玻璃或高分子拉制而成,是一种良好的光学传导通道。利用发射装置产生光脉冲,经由光纤传输到接收装置;接收装置配备的光敏元件能够检测光脉冲,从而实现信息传输。

💡实验目的

演示光纤传像,加深对全反射的理解。

💡实验原理

光纤传像实验装置如图 3-7-1 所示,主要包含灯管、光纤束和图像卡等部分。实验时,灯管发出强光照亮图像卡,图像卡上的出射光线进入光纤束,经光纤束传输后在输出端显示。

图 3-7-1　光纤传像实验装置

光线由一种介质射向另一种介质时,在两种介质的交界面会产生反射和折射。若光线由光密介质进入光疏介质,则光线的折射角大于入射角,且入射角越大,折射角越大。假设入射角增大到某一值时折射角变为 90°,则此时的折射光线沿介质表面行进,对应的入射角 θ_c 称为临界角。若入射角继续增大,则折射现象消失,光线全部被反射回光密介质,这种现象称为全反射。

产生全反射的条件是:

(1)光线必须由光密介质射向光疏介质。

(2)入射角必须大于或等于临界角。

在几何光学中,折射定律的数学表达式为:

$$\frac{\sin \theta_1}{\sin \theta_2} = \frac{n_2}{n_1}$$

其中,θ_1 为光线在第一种介质中的入射角,θ_2 为光线在第二种介质中的折射角,n_1、n_2 分别为两种介质的折射率。在临界角处,折射角为 90°,整理可得:

$$\sin \theta_c = \frac{n_2}{n_1}$$

因此,临界角的数学表达式为:

$$\theta_c = \arcsin \frac{n_2}{n_1}$$

💡实验步骤

1.直接观察图像卡上的图像。

2.将图像卡插入卡槽,接通实验装置的电源。

3.观察实验装置输出端显示的图像,并与图像卡作比较。

4.实验结束,关闭电源。

💡注意事项

1.注意用电安全。

2.光纤束不可过度弯曲,以免造成光纤疲劳。

3.未插入图像卡时,严禁点亮灯管并观察输出端,以免损伤眼睛。

💡实验思考

1.经光纤传输后,图像的质量为什么下降了?

2.在允许的弯曲范围内,光纤束的弯曲会不会影响传输图像的质量?

⚙ 3.8 偏振光与偏振器

💡实验导入

偏振光是一种具有特定极化方向的光,光的偏振技术广泛应用于实际生活中。例如,汽车前灯多采用水平 45°偏振方向透光,电影行业利用偏振放映立体电影,摄影领域则利用偏振减少反射光等。

💡实验目的

演示偏振光现象,理解马吕斯定律。

💡实验原理

偏振光与偏振器实验装置如图 3-8-1 所示,主要包含电源、激光器、起偏器、检偏器、光屏和光学导轨等部分。

图 3-8-1　偏振光与偏振器实验装置

可见光是频率在人眼可见范围内的电磁波。根据电磁学知识可知,它包含电场成分与磁场成分。其中,对光学效应有影响的是电场成分,因磁场成分不参与光学现象,因此定义光的偏振方向为其电矢量的振动方向。

根据偏振的方向与大小,可以将光分为自然光、线偏振光、椭圆偏振光和圆偏振光。自然光为非偏振光,没有特定的偏振方向,或在每个方向上的偏振强度一致。线偏振光的偏振方向是固定的,在传播过程中不发生改变。椭圆偏振光的偏振方向与偏振大小在传播过程中不断变化,沿传播方向看,其电场矢量末端所描绘的轨迹是一个椭圆。圆偏振光的特点是偏振方向改变而大小不变,因此其电场矢量末端描绘的轨迹是一个圆。

有些物质能够吸收某一方向的光振动,而只让垂直于该方向的光振动通过,这种性质称为二向色性。偏振片由二向色性材料制成,只允许某一偏振方向的光通过,因而可以将入射的自然光转变为线偏振光。根据用途不同,偏振片可以分为起偏器和检偏器。起偏器用于将自然光起偏成偏振光,检偏器用于检验偏振光的偏振方向。

偏振光与偏振器实验示意图如图 3-8-2 所示,如果一束自然光分别经过起偏器和检偏器,并且检偏器相对起偏器旋转一周,那么在检偏器的出射方向可以观察到两次消光和两次光强极大。马吕斯定律指出,一束光强为 I_0 的偏振光透过检偏器以后,出射光的光强 I 为:

$$I = I_0 \cos^2 \alpha$$

其中,α 为偏振光偏振方向与检偏器透振方向之间的夹角。

本实验的原理示意图如图 3-8-3 所示,一束自然光入射起偏器,形成线偏振光后通过检偏器。根据马吕斯定律,当 α 为 $\pi/2$ 或 $3\pi/2$ 时,检偏器的出射光强为零,在光屏上产生消光现象;当 α 为 π 或 2π 时,检偏器的出射光强极大,光屏上亮斑的亮度最大。

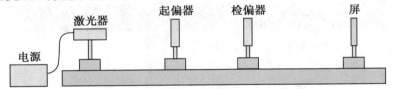

图 3-8-2　偏振光与偏振器实验示意图

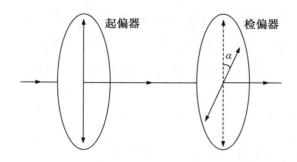

图 3-8-3　偏振光与偏振器实验原理示意图

💡实验步骤

1.将激光器、起偏器、检偏器和光屏固定在光学导轨上。

2.调节各光学元件的高度,使它们的中心在同一水平线上。

3.接通电源,调节检偏器,使光屏上出现光斑。

4.将起偏器的起振方向与检偏器的透振方向固定为刻度盘上的某一确定值。

5.转动检偏器,观察光屏上光斑亮度与检偏器旋转角度的对应关系。

6.实验结束,关闭电源。

💡注意事项

1.注意用电安全。

2.激光的能量密度较大,禁止直射人眼,以免造成伤害。

3.避免用手触摸光学面,防止污染起偏器和检偏器。

💡实验思考

1.如何验证马吕斯定律?

2.将起偏器和检偏器交换位置,实验现象会发生什么变化?

⚙ 3.9　旋光色散

💡实验导入

光是一种人眼可见的电磁波,一些透明介质(如石英、蔗糖溶液、松油等)能够使光的偏振方向发生旋转,这种现象称为旋光效应。若用白色线偏振光入射旋光介质,不同波长的偏振光通过介质后旋转的角度不同,因而各偏振光的偏振方向会相互分开,这种现象称为旋光色散。利用旋光色散可以测量旋光物质的溶液浓度,利用已知旋光特性的物质可以检测光波波长。此外,在化学鉴定中,利用旋光色散可以对一些幽体化合物、生物碱、氨基酸和抗生素等进行定性鉴别。

💡实验目的

演示旋光效应,加深对偏振和色散的理解。

💡实验原理

旋光色散实验装置如图 3-9-1 所示,主要包含氙灯、起偏器、检偏器、滤色片、蔗糖溶液及容器等部分。

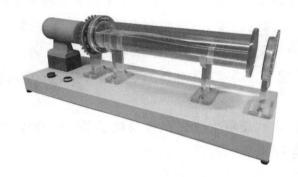

图 3-9-1 旋光色散实验装置

蔗糖是一种旋光介质,光线通过蔗糖溶液时,其电矢量旋转过的角度与蔗糖溶液的比旋光率、溶液的浓度和光在溶液中传播的距离有关:

$$\Delta\theta = acL$$

其中,a 为溶液的比旋光率,c 为蔗糖溶液的浓度,L 为光在蔗糖溶液中传播的距离。

对于同一种旋光介质,光的电矢量在其中旋转过的角度与光的波长成反比。因此,当一束偏振白光入射时,不同颜色的光波旋转的角度不同,且波长越短角度越大。在本实验中,氙灯发出白光,经起偏器起偏后,形成线偏振白光。若初始位置处起偏器的起偏方向与检偏器的透振方向一致,转动检偏器,可以依次观察到各种颜色的光。若在氙灯与起偏器之间加入一个滤色片,则只产生单色的线偏振光,不会出现色散现象。旋光色散实验示意图如图 3-9-2 所示。

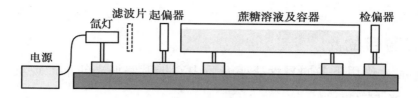

图 3-9-2　旋光色散实验示意图

💡实验步骤

1.配制蔗糖溶液:取适量的蔗糖,放入蒸馏水中充分溶解。

2.向容器中倒入蔗糖溶液至总容积的 2/3 左右。

3.接通电源,旋转检偏器,观察旋光色散现象。

4.在氙灯和起偏器之间加入一个滤色片,旋转检偏器,观察出射光强的变化,并记录相应角度。

5.改变滤色片的颜色,重复步骤 4,并比较旋转角度。

6.实验结束,关闭电源。

💡注意事项

1.注意用电安全。

2.蔗糖溶液需定期更换,以免变质。

3.若长时间不使用该实验装置,应清理掉蔗糖溶液并保持容器洁净。

💡实验思考

1.若不加滤光片,看到的彩色色散颜色是怎么排列的?

2.若不参考刻度,如何确定检偏器和起偏器之间的相对角度?

3.如何测定某种单色线偏振光在蔗糖溶液中的旋转角度?

⚙ 3.10　光测弹性

💡实验导入

某些透明材料在应力作用下由各向同性转变为各向异性,从而使光线产生暂时双折射,利用这种特性来描绘材料应力应变分布的物理方法称为光测弹性学。在一些工业生产过程中,光测弹性法被用于控制材料的质量或分析材料的应变。

💡实验目的

演示应力作用下各向异性透明介质中双折射偏振光的干涉现象。

💡实验原理

光测弹性实验装置如图 3-10-1 所示,主要包含白光光源、起偏器、透明应力元件、检偏器和底座等部分。其中,可通过应力旋钮对透明应力元件施加压力,从而在其中产生应力。

图 3-10-1　光测弹性实验装置

一条入射光线在经过一些介质后会产生两条折射光线,这种现象称为双折射。本实验通过施加机械外力,使光学介质由各向同性转变为各向异性,从而产生双折射,这种双折射称为人工双折射。光测弹性实验示意图如图 3-10-2所示,实验原理示意图如图 3-10-3 所示。白光光源产生自然光,透过起偏器后形成线偏振光,然后再依次通过透明介质和检偏器。在应力作用下,透明介质的光学折射率发生变化,且变化程度与应力成正比。当偏振光通过各向异性的介质时,产生的双折射光线有附加相位差,且该相位差与应力的分布有关。存在相位差的双折射光线通过检偏器时会发生偏振光干涉现象,此时若逆着光线的传播方向观察,可以观察到随应力分布的干涉图样。

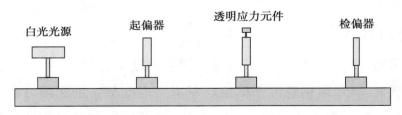

图 3-10-2　光测弹性实验示意图

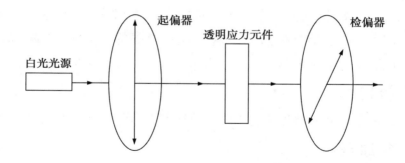

图 3-10-3　光测弹性实验原理示意图

由于本实验采用白光光源,因此会产生彩色干涉图样,且彩色条纹为等色线,黑色条纹为等倾线。在干涉图样中,等色线的疏密情况反映应力的大小,等倾线则反映应力的方向。

💡实验步骤

1.接通电源。

2.调整检偏器方向,观察光线的明暗变化,并观察有无干涉现象产生。

3.旋转应力旋钮,对透明介质施加机械外力,观察有无干涉现象产生。

4.继续旋转应力旋钮,观察干涉条纹随应力变化的情况。

5.实验结束,关闭电源。

💡注意事项

1.注意用电安全。

2.防止机械外力过大,以免导致透明介质失去弹性。

3.避免用手直接触摸光学表面,防止污染。

💡实验思考

1.干涉图样中的条纹疏密说明了什么?

2.若采用单色光源,现象有什么不同?

⚙ 3.11　布儒斯特角

💡实验导入

一般情况下,自然光在介质界面上发生反射和折射时,反射光与折射光都是部分偏振光。1815 年,大卫·布儒斯特发现,当光线以某一特定角度入射时,反射光线变为线偏振光,其偏振方向垂直于入射面,并且这个特定角度的正切值为光学介质的相对折射率。这个规律就是布儒斯特定律,这个入射角称为布儒斯特角或起偏角。

实验目的

演示布儒斯特角和偏振光的特点,加深对反射、折射和偏振的理解。

实验原理

布儒斯特角实验装置如图 3-11-1 所示,主要包含电源、激光器、起偏器、布儒斯特角度装置和光学导轨等部分。其中,布儒斯特角度装置由玻璃片、刻度盘及光屏构成。激光器发出激光,经起偏器起偏后入射玻璃片。

图 3-11-1 布儒斯特角实验装置

自然光入射玻璃片时,其垂直于入射面和平行于入射面的振动分量都会在玻璃片表面发生反射和折射。当入射角为布儒斯特角 θ_b 时,垂直于入射面的振动分量正常发生反射和折射,而平行于入射面的振动分量只能发生折射。此时,反射光线中只存在垂直于入射面的振动分量,为线偏振光,而折射光线为部分偏振光,如图 3-11-2 所示(图中黑点表示振动方向垂直于纸面,即垂直于入射面;同理,短线表示振动方向平行于入射面)。

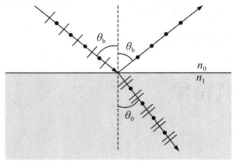

图 3-11-2 布儒斯特角入射示意图

实验证明,当入射角为布儒斯特角时,发射光和入射光的传播方向相互垂直,即:

$$\theta_b + \theta_0 = 90°$$

根据折射定律,有:

$$n_0 \sin \theta_b = n_1 \sin \theta_0 = n_1 \cos \theta_b$$

求解可得:

$$\tan \theta_b = \frac{n_1}{n_0} = n_{10}$$

其中,n_{10} 为两种介质的相对折射率。

在本实验中,当起偏器的偏振方向与入射面平行时,所产生的入射光为偏振方向平行于入射面的线偏振光。若此时调整入射角为布儒斯特角,则平行于入射面的振动分量只发生折射,因此光屏上不会出现反射光线形成的光斑。若起偏器的偏振方向与入射面存在夹角,则入射光线中存在振动方向垂直于入射面的分量,因此光屏上会出现反射光线形成的光斑。布儒斯特角实验示意图如图 3-11-3 所示。

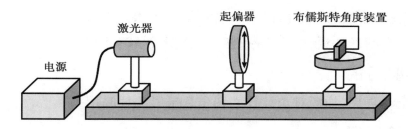

图 3-11-3　布儒斯特角实验示意图

💡实验步骤

1.将激光器、起偏器和布儒斯特角度装置依次安置在光学导轨上。

2.调整起偏器,使其偏振方向与入射面平行。

3.打开电源,转动布儒斯特角度装置的角度盘与光屏,并观察光屏上光斑的变化。当光斑消失时,对应的入射角就是布儒斯特角。

4.保持入射角为布儒斯特角,调节起偏器,观察光屏上的光斑随起偏器偏振方向的变化。

5.实验结束,关闭电源。

⚙ 注意事项

1.注意用电安全。

2.不可随意擦拭布儒斯特角度装置中的玻璃片,以免造成污染。

3.激光的能量密度较大,禁止直射人眼,以免造成伤害。

⚙ 实验思考

1.如何用反射镜实现起偏?

2.仅用玻璃片能否使反射光线和折射光线都成为线偏振光?

⚙ 3.12　激光全息

⚙ 实验导入

普通摄影记录的只是物体反射光的光强分布,缺少对于反射光相位信息的记录,在图像显示上失去了立体感。全息技术利用了光的干涉原理,可以记录物体反射光的相位、振幅等信息。由于激光具有良好的时间和空间相干性,因此在全息摄影中极具优势,激光全息就是利用激光进行全息摄影。目前,激光全息技术在精确计量、医疗诊断、防伪识别等领域有诸多应用。

⚙ 实验目的

演示全息再现,加深对全息技术和全息摄影的理解。

⚙ 实验原理

激光全息实验装置如图 3-12-1 所示,主要包含激光器、扩束镜、全息底片和显示屏等部分。激光器发出的激光由扩束镜扩束后照射在全息底片上,最终在显示屏上显示出底片中的图像(被拍摄物体的图像)。

图 3-12-1　激光全息实验装置

普通摄影利用几何光学成像,在相片缺损后无法重现所有信息。激光全息摄影利用了光的干涉,即使相片缺损,也可以在再现参考光的照射下重现所有信息,但其亮度有所下降。若无再现参考光,全息照片只有明暗相间的条纹。激光全息实验示意图如图 3-12-2 所示。

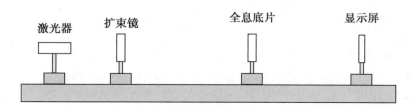

图 3-12-2　激光全息实验示意图

激光全息摄影光路示意图如图 3-12-3 所示。激光器发出相干性极好的光束,经分束镜处理后产生两束相干光。其中,一束光经扩束后入射到物体表面,并在物体表面发生反射,反射后的光线称为物光。另一束光为参考光,它是未经调制的球面波。物光与参考光在底片上相遇并发生干涉,底片记录了它们的干涉图样。在再现参考光的照射下,根据光栅衍射原理(条纹相当于光栅),全息相片中的信息可以被重现。

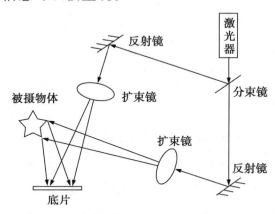

图 3-12-3　激光全息摄影光路示意图

💡实验步骤

1.将激光器、扩束镜、全息底片和显示屏依次放置在光学平台上。

2.打开激光器电源,调整各元件之间的位置与高度,使激光光束直射全息底片。

3.微调全息底片和显示屏,使屏上显示出清晰的图像,并观察图像。

4.实验结束,关闭电源。

💡注意事项

1.激光器电源的输出端为高压输出,注意用电安全。

2.激光的能量密度较大,禁止直射人眼,以免造成伤害。

💡实验思考

1.为什么全息底片缺损后还能显示出完整的图像,但亮度下降了?

2.全息图有什么特点?

⚙ 3.13 光学分形

💡实验导入

我们通常定义分形为:一个粗糙或零碎的几何形状可以被分成多个部分,且每一部分(至少近似地)是整体缩小后的形状,具有自相似的性质。分形几何是一门以不规则几何形态为研究对象的几何学,由于不规则现象在自然界普遍存在,因此分形几何学又可称为描述大自然的几何学。

💡实验目的

观察光学分形现象,增强对分形的理解。

💡实验原理

分形是一种具有自相似特性的图像、现象或物理过程。在分形中,整体的每一部分都与整体相似。除了自相似性以外,分形具有的另一个普遍特征就是具有无限细致性。可以理解为一个图像无论放大多少倍,图像的复杂性不会减少,但是每次放大后的图像和原来的图像并不完全相似,即分形并不要求具有完全的自相似性。

本实验设置多个平面镜互成一定角度,并对同一个图像进行多次反射,最终构成一个复杂的图像,以体现分形的基本概念,如图 3-13-1 所示。

图 3-13-1　光学分形实验装置

💡实验步骤

1.顺着外部光源观察分形。

2.打开实验装置的电源,从各个角度观察分形。

3.实验结束,关闭电源。

💡注意事项

1.注意用电安全。

2.不宜长时间观察,注意保护眼睛。

3.玻璃反射镜易碎,注意保护仪器,防止磕碰。

💡实验思考

1.什么是分形?分形有什么特点?

2.试分析光学分形实验装置的成像光路。

⚙ 3.14　真实的镜子

💡实验导入

将一束激光从地球射向月球,经月球反射后又回到地球,通过测量激光从发出到返回的时间差,便可以计算出地球到月球的距离。然而,由于地球与月球相距较远,从地球上发出的激光到达月球时会发散成直径几千米的圆斑,这样一来,经过月球漫反射而回到地球的光就非常微弱了。为此,可在月球表面放置一块平面镜,使入射的光线由漫反射变为镜面反射,以增加反射光的强度。那么,如何使任意角度入射的光线都能够沿着原路返回呢?

💡实验目的

观察偶镜,加深对光路的理解。

💡实验原理

将两面平面镜互成 90°角放置,这样组成的镜子称为偶镜,如图 3-14-1 所示。

图 3-14-1 偶镜实验装置

在偶镜中,当光线水平入射时,反射光的传播方向总是与入射光相反,如图 3-14-2 所示。

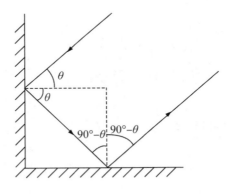

图 3-14-2 偶镜光路示意图

💡实验步骤

1.将偶镜竖直放置在桌面上,并放置激光发射器,使激光可以水平入射偶镜。

2.关闭门窗、窗帘以及室内照明灯,制造黑暗的环境。

3.用黑板擦在偶镜与激光发射器之间的空气中撒下粉笔灰(利用散射观察光路)。

4.打开激光发射器,从上面观察入射光与反射光的光路。

5.将物体摆放在偶镜前,观察像与物体的关系。

6.实验结束,关闭电源,清理桌面。

注意事项

1.注意用电安全。

2.摆放实验仪器时尽可能地保证水平或垂直。

3.激光的能量密度较大,禁止直射人眼,以免造成伤害。

实验思考

本实验所介绍的偶镜中,只有在入射光平面与两镜面垂直时,反射光才能与入射光反向平行。那么,如何实现反射光与任意方向的入射光反向平行?

3.15 视错觉

实验导入

视错觉就是当人或动物观察物体时,基于经验主义或不当的参照形成的错误判断和感知。如法国国旗中红、白、蓝三色的比例为 35:33:37,但给人的感觉是三种颜色的面积相等。这是因为白色给人以扩张的感觉,而蓝色则有收缩的感觉。

实验目的

了解视错觉的原理,感受视错觉。

实验原理

视错觉实验装置如图 3-15-1 所示,主要包含底座、电机和画板等部分。接通电源后,画板随电机同步旋转。

图 3-15-1　视错觉实验装置

关于视错觉,迄今仍未有确切的解释。英国物理学家、生物学家弗朗西斯·克里克曾给出以下三点评述:

(1)你很容易被你的视觉系统所欺骗。

(2)眼睛提供的视觉信息可能是模棱两可的。

(3)"看"是一个构建过程。

克里克认为:你看见的东西并不一定存在,而是你的大脑认为它存在。"看"是一个主动的构建过程,大脑会根据先前的经验和眼睛提供的有限而又模糊的信息作出最好的解释。眼睛不同于照相机,不是对客体的简单机械复制,而是一种再加工的心路历程。眼睛所见,在很多情况下确实与视觉世界的特性相吻合,但在某些情况下,盲目地"相信"眼睛所见会导致错误,形成所谓的视错觉。

💡**实验步骤**

1.将视错觉实验装置放置在水平桌面上。

2.打开电源,站在 5 m 以外,闭上一只眼睛观察画板(会看到画板在 180° 范围内旋转,而不是 360°旋转,即视错觉现象)。

3.实验结束,关闭电源。

💡**注意事项**

1.注意用电安全。

2.观察画板时,距离不宜过近。

1.生活中还有哪些常见的视错觉现象？

2.若用两只眼睛同时观察,看见的现象将有何不同？为什么？

⚙ **3.16 梦幻点阵**

☀**实验导入**

利用发光二极管(LED)点阵实现信息显示的方式有两种:一种是通过矩阵式LED阵列直接显示,另一种是通过一列LED的快速运动达到阵列显示的效果。梦幻点阵就是利用快速运动的LED的亮暗和颜色变化来实现阵列显示。它充分利用了人类的视觉暂留现象。

☀**实验目的**

演示梦幻点阵,理解其工作原理与视觉暂留现象。

☀**实验原理**

梦幻点阵实验装置及示意图如图3-16-1所示,主要包含基座、电机、LED列和玻璃外罩等部分。其中,LED列通过支架固定在电机上,其排列方向平行于电机转轴。开启电源后,LED列随电机同步转动。

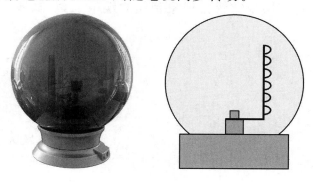

图3-16-1 梦幻点阵实验装置及示意图

物体发出或反射的光线被人的眼睛接收后,光信号转化为生理电信号,并由神经传递到大脑,最终在大脑中形成图像。物体被移开后,在人的大脑中所形成的图像不会立即消失,而是有一个"弛豫"的过程,这就是视觉暂留现象。

人类视觉的暂留时间约为 100 ms。若两幅图像的显示间隔小于暂留时间,则给人图像连续变化的感觉,这就是电影的播放原理。电影制作者发现,一旦将电影每秒播放的帧数提升到 24 帧,人们所看到的画面便是流畅、连续的,因此将 24 帧定为了行业标准。

在本实验中,梦幻点阵利用单片机精确控制 LED 的亮暗与颜色变化,从而实现信息的显示。当电机的转速大于每秒 24 转时,等效帧数高于 24 帧,实验者将观察到连续的显示画面。

实验步骤

1.将梦幻点阵实验装置放在平稳的实验台上。

2.开启电源,观察玻璃外罩上的显示画面。

3.调节电机转速,观察显示画面的变化。

4.实验结束,关闭电源。

注意事项

1.注意用电安全。

2.玻璃罩易碎,实验时注意保护仪器。

3.禁止拆解玻璃外罩和基座。

实验思考

我国古代就有利用视觉暂留现象制作的娱乐工具,试举一例。

4　热学篇

4.1　伽尔顿板

实验导入

热力学是研究物质宏观热运动性质和规律的学科。它不关注某个具体微观粒子的状态，而是运用统计学的方法，研究系统宏观性质的变化规律。热力学认为，由大量微观粒子组成的系统中，单个粒子的运动具有随机性，因此对热力学系统运用随机统计是十分有效的。伽尔顿板是模拟大量随机事件的典型事例，对于学习热力学有较大帮助。

实验目的

利用伽尔顿板模拟随机事件的分布，演示热力学中最基本的统计规律，加深对大量随机事件统计规律和涨落现象的理解。

实验原理

伽尔顿板实验装置及示意图如图 4-1-1 所示，主要包含对称密布的多级销钉点阵、隔槽和落球等部分。单个落球被某级销钉散射后，其散射方向（向左或者向右）是随机的；经过多级销钉散射后，落球最终进入的隔槽也是随机的。大量落球下落时，进入每个隔槽中的落球数量是可以预测的，且呈现近似正态分布，如图 4-1-2 所示。

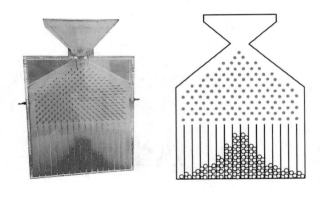

图 4-1-1 伽尔顿板实验装置及示意图

在大量的重复实验中,可能出现也可能不出现,且呈现出某种统计规律的事件称为随机事件。伽尔顿板中单个落球的下落就是一个随机事件,落球的落点可能偏向销钉的左边或者右边,且上一级落点的偏向不会影响下一级落点的偏向。在热力学系统中,由于单个粒子的随机性,系统整体的统计服从正态分布,即:

$$f(x) = \frac{1}{\sqrt{2\pi}\sigma} \exp\left(-\frac{(x-\mu)^2}{2\sigma^2}\right)$$

其中,μ 为平均数,σ 为标准差,$f(x)$ 为正态分布函数。

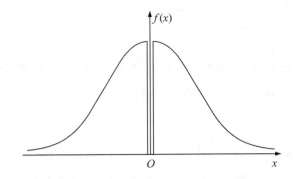

图 4-1-2 落球在隔槽中的分布

由大量微观粒子组成的热力学系统中,各次测量的结果之间都存在偏差,这种偏差就是统计规律的涨落现象。涨落现象不可被准确预测,具有偶然性、随机性;涨落现象与单个随机事件没有必然联系,但是与随机事件的数量有关。对于大量微观粒子组成的热力学系统,其涨落一般很小,不会影响宏观测量结果。但是对于微观粒子数量较少的系统,其涨落一般较大,对宏观测量结果有较大影响。

💡实验步骤

1.翻转伽尔顿板,使落球全部进入漏斗中,在连接处插入隔板。

2.摆正伽尔顿板,使漏斗位于上方,确保板面与水平面垂直。

3.轻轻抽动隔板,控制落球逐个落下,观察单个落球的落点分布。

4.重复步骤 3,直至落球全部落下,观察落球落点的分布情况。

💡注意事项

1.翻转伽尔顿板前仔细检查转轴是否松动。

2.翻转伽尔顿板时应该一只手扶住底部,另一只手抓住侧部,缓慢转动。

💡实验思考

1.为什么每次实验的结果都有所不同? 如何提高实验的可重复性?

2.现实中有什么现象与涨落有关?

⚙ 4.2　麦克斯韦速率分布

💡实验导入

英国科学家麦克斯韦在研究气体分子的速率分布规律时发现:单个粒子不断地与其他粒子发生碰撞,导致粒子的速度不断改变,因此研究单个粒子的速度没有实际意义。不久后他提出,对于大量微观粒子组成的系统,若该系统处于平衡或近平衡状态,则粒子的速率分布遵从一定的统计规律。

💡实验目的

演示麦克斯韦速度分布定律,理解速率分布的概念与速率分布概率密度函数的归一化。

💡实验原理

麦克斯韦速率分布实验示意图如图 4-2-1 所示,主要包含销钉点阵、隔槽和落球等部分。落球的落点与其水平速度有关,落球在隔槽中的分布反映了落球水平速度的概率密度分布。从漏斗落下时,落球的起始位置会影响其水平方向的速率分布,这类似于温度对气体分子速率的影响。因此,可以通过调节落球的起始位置来模拟对气体的"调温",定性演示气体分子运动速率随温度的变化。

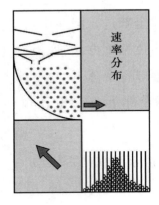

图 4-2-1　麦克斯韦速率分布实验示意图

设平衡状态下一定量气体中气体分子的总数为 N,速率分布在 $v \sim v + \mathrm{d}v$ 区间内的气体分子数为 $\mathrm{d}N$。$\mathrm{d}v$ 足够小时可认为 $\mathrm{d}N/N$ 与 $\mathrm{d}v$ 有正比关系,即:

$$\frac{\mathrm{d}N}{N} = f(v)\mathrm{d}v$$

其中,$f(v)$ 表示速率 v 附近单位速率内的分子数占总分子数的比例,只与速率 v 有关,称为速率分布函数。

根据麦克斯韦速度分布定律,速率分布函数的表达式为:

$$f(v) = 4\pi \left(\frac{m}{2\pi kT}\right)^{\frac{3}{2}} \mathrm{e}^{-\frac{mv^2}{2kT}} v^2$$

其中,m 为每个气体分子的质量,T 为气体的热力学温度,k 为玻尔兹曼常数。$f(v)$ 与 v 的关系曲线为速率分布曲线,如图 4-2-2 所示。

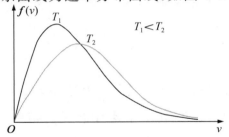

图 4-2-2　速率分布曲线

麦克斯韦速率分布应该满足归一化,即:

$$\int_0^\infty f(v)\mathrm{d}v = 1$$

其物理意义为:曲线下的面积恒等于1。温度升高时曲线变平缓,且向高速区域扩展,即温度越高,速率较大的分子数量越多,分子运动越剧烈。

💡实验步骤

1.将仪器垂直放置在实验台上,推动调温杆使漏斗的漏口正对某一温度的位置。

2.按照面板上转向箭头的方向将仪器转动一周,并重新固定。

3.落球集中在储存室中,从下方的小口漏下,经过缓流板后进入活动漏斗,再从漏斗口落下,经销钉散射后落在下滑曲面上,最后从喷口射出。

4.调节调温杆,在另一个温度位置重复以上步骤,对比两次实验中的速率分布。

💡注意事项

1.必须按照面板上箭头的方向转动仪器。

2.转动面板时应缓慢用力,避免用力过大、过急。

💡实验思考

与温度较低时相比,温度升高后的麦克斯韦速率分布图像有什么特点?

⚙ 4.3　观察布朗运动

💡实验导入

罗伯特·布朗用显微镜观察水中悬浮的花粉粒子时发现,花粉粒子在没有外力作用的情况下也能运动,进一步观察得出:悬浮在液体或气体中的微粒做永不停息的无规则运动。人们把这种无规则运动称为布朗运动,它间接证明了组成物质的微粒处于永恒的热运动中。在热力学的研究中,布朗运动是一种特殊的热力学现象。

💡实验目的

观察布朗运动,加深对分子运动论的理解。

💡实验原理

实验所用光学显微镜如图 4-3-1 所示,观察对象为墨汁中的炭粒。

图 4-3-1　光学显微镜

布朗运动并不是微粒主动的无规则运动,而是在其他粒子(一般为分子)撞击作用下的被动运动。布朗运动的前提是,观察对象必须是足够小的微粒。对于较大的微粒,参与撞击的分子数量较多,撞击的效果相互抵消,微粒受到的合力为零。微粒越小,参与撞击的分子数量越少,合作用力越容易显示出涨落的效果。布朗运动本质上可以视为一种随机的涨落现象,反映了流体内部分子运动的无规则性。

爱因斯坦已经证明,在经典力学的范畴下,微粒在任一确定方向上的布朗运动分量的方均值 $\overline{x^2}$ 与时间 t 成正比,即:

$$\overline{x^2} = \frac{kT}{3\pi\eta a}t$$

总之,悬浮微粒受分子撞击而产生布朗运动,这也是布朗运动会成为分子运动论发展基础的原因。布朗运动具有无规则性、永不停息性,肉眼不能直接分辨。微粒越小,布朗运动现象越明显;温度越高,布朗运动现象越明显。

💡实验步骤

1.将炭棒研磨成粉末并调成墨汁,适当稀释后滴在载玻片上。

2.调节显微镜,使物镜尽量接近载玻片,但不接触。

3.确定一个或几个粒子作为观察对象,观察它们的运动情况。

注意事项

1.研磨炭棒时应注意研磨方法,确保研磨后的炭粉颗粒足够细腻。

2.调节显微镜的物镜时应避免触碰载玻片。

实验思考

1.悬浮介质对悬浮微粒的布朗运动有没有影响?

2.布朗运动在哪些领域有应用?试举一例。

4.4　热力学第二定律

实验导入

热力学第二定律的常见表述有两种,分别是开尔文表述和克劳修斯表述。开尔文表述为:不可能从单一热源吸收热量,使之完全变成有用的功而不产生其他影响。克劳修斯表述为:热量不可能自发地从低温物体转移到高温物体。

实验目的

演示热力学第二定律的克劳修斯表述,加深对热力学第二定律的理解。

实验原理

热力学第二定律实验装置如图 4-4-1 所示,主要包含全封闭压缩机、卡诺循环管、高温热源、低温热源、毛细管(节压阀)和气压计等部分。

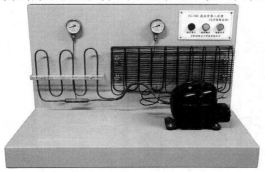

图 4-4-1　热力学第二定律实验装置

当压缩机不工作时,系统处于热力学平衡状态,卡诺循环管内的工作物质为气体状态,低温热源和高温热源内部压力相同,温度也相同。当压缩机工作时,活塞来回推动,使高温热源内部压力增大,形成高温高压气体。由于存在节流阀,高温高压气体在通过节流阀之前开始凝结,变成高压液体,导致高温热源内部温度上升,并开始向外界释放热量,散热器出现发热现象。在节流阀的另一端,低温热源的内部压力较低,通过节流阀的物质变为低压液体,在低温热源内开始蒸发。低温热源从外界吸收热量,使外界温度降低,蒸发器表面出现结霜现象。此后,工作物质进入全封闭压缩机,在压缩机的作用下开始下一轮循环。

上述整个工作过程就是卡诺循环,通过压缩机做功才能实现从低温热源向高温热源传递热量,这说明低温热源的热量不可能自发地转移到高温热源。

☀实验步骤

1.打开实验仪器的电源,等待仪器启动。

2.延时指示灯熄灭、运行指示灯点亮后,观察低温热源和高温热源处气压阀的示数,并观察散热片与蒸发器的变化。

3.实验结束,关闭电源。

☀注意事项

1.注意用电安全。

2.移动实验仪器后,必须等待一段时间,然后再启动仪器。

3.实验过程中高温热源向外辐射热量,操作时注意安全。

4.实验过程中低温热源处会结霜,不可用金属等硬质物品除霜,实验结束后让冰霜自然融化即可。

☀实验思考

1.本实验利用的是什么循环? 如何表述?

2.本实验中的节流阀有什么作用?

⚙ 4.5　绝热压缩

☀实验导入

绝热过程是指系统始终不与外界发生热量交换的变化过程,绝热压缩就是在绝热过程中压缩气体。自然界中不存在绝对的绝热过程,但是可以把某些过程近似看作绝热过程,如与外界热交换极少的过程或变化速度足够快的过程。

💡实验目的

演示绝热压缩过程,加深对绝热过程的理解。

💡实验原理

绝热压缩实验装置及示意图如图 4-5-1 所示,主要包含透明玻璃筒、活塞和推杆等部分。透明玻璃筒内有一定的空气,活塞迅速下压时,玻璃筒内的空气来不及与外界发生热交换,产生一个可视为绝热压缩的过程。

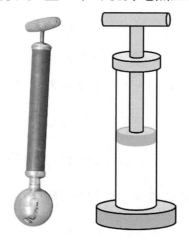

图 4-5-1　绝热压缩实验装置及示意图

从微观上看,理想气体是有质量但无体积的质点;从宏观上看,理想气体是无限稀薄的气体。理想气体具有以下特点:

(1)分子间的线度大于分子体积。

(2)分子间没有相互作用力,没有分子势能。

(3)分子的碰撞不损失动能。

(4)内能只与分子动能有关。

由理想气体准静态过程的热力学第一定律表达式可以得到:

$$dQ = \nu C_{V,m} dT + p\, dV$$

在绝热过程中,有:

$$-p\,dV = \nu C_{V,m}\,dT$$

对理想气体方程两边求微分,可以得到:

$$dT = \frac{p\,dV + V\,dp}{\nu R}$$

整合以上公式,得:

$$(C_{V,m} + R)p\,dV = -C_{V,m}V\,dp$$

利用等压热容和等体热容的关系式,得:

$$C_{p,m} = C_{V,m} + R$$

设热容比为:

$$\gamma = \frac{C_{p,m}}{C_{V,m}}$$

则 $(C_{V,m} + R)p\,dV = -C_{V,m}V\,dp$ 可改写为:

$$\frac{dp}{p} + \gamma\frac{dV}{V} = 0$$

在通常情况下,认为 γ 随温度的变化不大,可将其视为一个常量。

对 $\frac{dp}{p} + \gamma\frac{dV}{V} = 0$ 积分,得到理想气体准静态绝热过程的泊松公式,即:

$$p_1 V_1^\gamma = p_2 V_2^\gamma = \cdots = 常量$$

根据内能定理可以推出绝热过程中外界对系统做的功为:

$$w = U_2 - U_1 = \nu C_{V,m}(T_2 - T_1)$$

去掉热容变换,得:

$$w = \frac{\nu R}{\gamma - 1}(T_2 - T_1)$$

将 $p_1 V_1^\gamma = p_2 V_2^\gamma = \cdots = 常量$ 用理想气体物态方程进行变化,得:

$$T_2 = T_1 \left(\frac{p_2}{p_1}\right)^{\frac{\gamma-1}{\gamma}}$$

由 $w = \frac{\nu R}{\gamma - 1}(T_2 - T_1)$ 可知,外界对系统做功越多,系统温度变化越大。

由 $T_2 = T_1 \left(\frac{p_2}{p_1}\right)^{\frac{\gamma-1}{\gamma}}$ 可知,压缩后的压强越大,气体温度越高。

本实验利用活塞压缩空气,对空气做功。在绝热过程中,外界做的功全部转化为系统内能,导致空气温度急剧升高,将玻璃筒内的碎纸屑点燃。

💡实验步骤

1.打开玻璃筒的上盖,取出活塞,向玻璃筒内放入少量碎纸屑。

2.将活塞放回玻璃筒,并扣上玻璃筒上盖。

3.迅速下压活塞,观察玻璃筒内的碎纸屑是否被点燃。

💡注意事项

1.尽量选择易燃的碎纸屑。

2.下压活塞时要将实验仪器放在可承受足够大压力的平台上。

💡实验思考

1.若碎纸屑没有被点燃,该如何处理?

2.推导结论时用的是理想气体,而本实验中使用的是普通空气,为什么结论依然适用?

⚙️ 4.6　饮水鸟

💡实验导入

在形似小鸟的装置前放一杯水,将鸟嘴浸到水里,小鸟"喝"了一口水后便直立起来。一段时间后它又俯身"喝"了一口水,并再次直立起来,如此反复循环,这种装置叫作饮水鸟。

💡实验目的

演示能量转化过程以及能量守恒定律。

💡实验原理

饮水鸟实验装置及示意图如图4-6-1所示,主要包含密封玻璃管、转轴支架和水杯等部分。密封玻璃管的两端有两个球形泡,尾泡中装有乙醚,头泡上附有由吸湿材料制成的鸟嘴(吸水材料包裹头泡)。

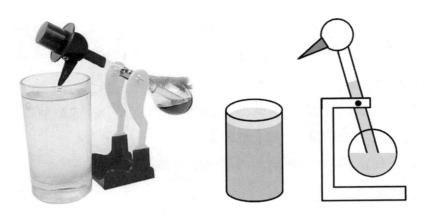

图 4-6-1 饮水鸟实验装置及示意图

对于密闭空间内的液体,液体分子会通过液体表面蒸发而进入上部空间,成为蒸汽分子。同时,密闭空间内的蒸汽分子也会因热运动等原因重新回到液体中。当这两种变化达到一种动态平衡时,容器空间中蒸汽分子的密度不再增大,此时容器中的蒸汽称为饱和蒸汽,对应的气压为饱和蒸汽压。饱和蒸汽压的大小与体积无关,但与温度有关,温度越高,饱和蒸汽压越大。

本实验采用了乙醚液体,它的饱和蒸汽压对温度非常敏感。当饮水鸟"吸水"后,水分在头泡表面吸热蒸发,导致头泡内温度下降,饱和蒸汽压降低。此时,在头泡与尾泡中压力差的作用下,玻璃管内的液面上升,饮水鸟的重心上移。当整个转动部分的重心转移到头泡一侧时,装置发生转动,头泡下降、尾泡上升,鸟嘴接触水面并吸水。通过结构设计,头泡和尾泡在饮水鸟"吸水"时通过中间的细管连通,导致两泡内的饱和蒸汽压相等,乙醚液体在重力的作用下重新回到尾泡中,饮水鸟"抬头"。此后,头泡处的水分开始蒸发,头泡内的饱和蒸汽压下降;同时,尾泡从外界吸热,尾泡内的饱和蒸汽压升高。如此循环往复,饮水鸟不停地重复"低头—抬头"过程。

💡实验步骤

1.在水杯中注入足够多的水,使鸟嘴可以充分接触液体。

2.用手使鸟嘴插入水中,充分湿润后松开手,观察实验现象。

💡注意事项

1.实验装置为玻璃制品,实验时注意避免磕碰。

2.乙醚为危险品,一旦发现有挥发情况,必须马上将装置转移到通风良好处,并通知相关人员处理。

💡实验思考

1.本实验若在阳光下进行会有什么不同?

2.本实验为什么不违背能量守恒定律?

🧩 4.7 蒸汽机模型

💡实验导入

蒸汽机是将蒸汽的能量转换为机械功的往复式动力机械,在很长一段时间内,它是世界上最重要的原动机。历史上,瓦特对蒸汽机进行了改良,大大提高了蒸汽机的效率。为了纪念瓦特做出的重大贡献,后人把他的名字用作功率的单位。

💡实验目的

演示蒸汽机的工作原理,加深对相关热力学概念的理解。

💡实验原理

蒸汽机模型实验装置如图 4-7-1 所示,主要包含燃烧室、锅炉、限压阀、汽缸、活塞、飞轮和曲柄连杆结构等部分。

图 4-7-1 蒸汽机模型实验装置

液体的蒸发和凝结是同时发生的,二者处于动态平衡时系统达到饱和状态。饱和状态下的液体为饱和液体,其蒸汽为饱和蒸汽。对饱和蒸汽继续加热,其温度将会升高,并超过该压力下的饱和温度。这种超过饱和温度的蒸汽为过热蒸汽,过热蒸汽的气压与温度和气体密度有关。

在本实验中,固体酒精在燃烧室中燃烧,锅炉中的水被加热后产生蒸汽。持续加热,产生过热蒸汽,使限压阀开启。过热蒸汽通过限压阀后进入汽缸,在持续加热的作用下,蒸汽膨胀并推动活塞运动。活塞带动曲柄连杆结构,使往复的直线运动转变为飞轮的圆周转动。蒸汽膨胀到一定体积时,汽缸的排气阀开启,蒸汽被排出并在冷凝管中冷凝,汽缸中的气压下降。飞轮具有转动惯性,带动活塞回到初始位置,进入下一轮循环。

💡实验步骤

1.拧开锅炉上的注水螺丝,用注射器或小漏斗向锅炉中注入蒸馏水或纯净水。

2.注水结束后,拧紧注水螺丝。

3.取出燃烧室中的敞口方盒,放入固体酒精并点燃,再将方盒放回燃烧室。

4.观察蒸汽机模型的工作状态。

5.若蒸汽机在蒸汽足够的情况下没有转动,需要用手给予一个初始的循环过程。

💡注意事项

1.使用固体酒精时注意用火安全。

2.锅炉和汽缸等部件的温度较高,实验时注意安全,防止烫伤。

3.冷凝后的蒸汽从冷凝管喷出,温度仍然较高,注意人员安全。

💡实验思考

1.限压阀有什么作用?

2.为什么一定要有飞轮?

4.8 内燃机模型

实验导入

内燃机可以将燃料燃烧释放的热能转换为动力输出。所谓内燃，就是指燃料在机器的内部燃烧。狭义上的内燃机通常是指活塞式内燃机，且以往复活塞式内燃机最为普遍。燃料在汽缸内与空气混合后剧烈燃烧，产生大量高温高压的燃气；燃气体积膨胀并推动活塞做功，活塞带动曲柄连杆机构等将机械功输出。

实验目的

演示内燃机的主要构造和工作原理。

实验原理

内燃机纵轴切面模型实验装置如图 4-8-1 所示，通过小灯泡和指示灯的亮暗来表示火花塞打火和进出气阀的开闭。模型中的飞轮上装有一个小手柄，这是为了方便转动飞轮，在实际应用中没有此手柄。

图 4-8-1　内燃机纵轴切面模型实验装置

常见的内燃机有汽油机和柴油机，它们多为四冲程工作热机，必须配有曲柄连杆机构、配气结构、燃料供给系统、冷却系统、润滑系统和启动系统等。曲柄连杆机构将活塞的往复直线运动转换为旋转圆周运动；配气结构包括进气系统、排气系统等，是内燃机循环的必要结构。由于汽油易挥发、自燃点高，因此汽油机的燃料供给系统不需要独立的喷油嘴，而是将汽油与空气混合后送入汽缸,并采用电火花点火。柴油不易挥发、自燃点低,因此柴油机的燃料供给系统需要配备喷油嘴,并采用压缩空气产生高温自燃点火。

柴油机和汽油机的四冲程分别为进气冲程、压缩冲程、做功冲程、排气冲程。在进气冲程中,内燃机的进气阀打开、排气阀关闭,活塞从上止点向下止点运动,产生负压将空气吸入汽缸(汽油机吸入的是油气混合物)。在压缩冲程中,进气阀和排气阀都关闭,活塞在曲轴的推动下由下止点向上止点运动,空气(或混合油气)被压缩为高温高压状态;活塞接近上止点时,柴油机通过喷油嘴向汽缸内喷入柴油。在做功冲程的开始阶段,进气阀和排气阀都关闭,汽油机通过火花塞打火点燃油气混合物,柴油机则是在压缩冲程中通过活塞到达上止点时压缩空气产生的高温点燃柴油。燃料被点燃后剧烈燃烧形成高温高压燃气,燃气膨胀并推动活塞由上止点向下止点运动,活塞通过曲柄连杆机构将动能输出。在膨胀过程中,燃气体积增大,温度和压强都减小。在排气冲程中,排气阀打开、进气阀关闭,做功的燃气被排出,活塞由下止点返回上止点。经过一个四冲程后,内燃机完成一次循环。

💡实验步骤

1.将柴油机模型和汽油机模型放置在实验台上,观察二者结构上的差异。

2.打开电源,分别转动两种热机的飞轮,观察它们的四冲程过程。

3.观察活塞和曲轴连杆机构的连接关系。

💡注意事项

实验装置为塑料制品,发现飞轮不能转动时,不可使用蛮力,以免损坏模型。

💡实验思考

1.仅从热力学层面的循环上比较,柴油机的效率高还是汽油机的效率高?

2.为什么柴油机的转速通常比相同规格下的汽油机慢?

⚙️ 4.9　斯特林热机

💡实验导入

斯特林热机采用外部热源加热,工作物质不参与燃烧,因此也称为外燃机。理论上只要外部热源的温度足够高,无论是太阳能、废热、核能、生物能还是其他任何热源,都可以作为斯特林热机的驱动热源。相比于其他热机,斯特林热机可以在无空气的环境下运行,使用范围更广。不同于内燃机的间断性震爆和燃烧,斯特林热机能持续稳定的加热,噪声更低且理论效率更高。由于具备低噪声和不依赖空气的特性,斯特林热机在军事上有重要的用途,如作为潜艇的动力装置。

💡实验目的

演示斯特林热机的工作原理,加深对热机热循环的理解。

💡实验原理

斯特林热机模型实验装置如图 4-9-1 所示,主要包含酒精灯、汽缸、回热器、偏心轮、发电机和灯泡等部分。酒精灯加热汽缸输入能量,热机运行后带动发电机工作,通过点亮灯泡体现热机的做功输出。

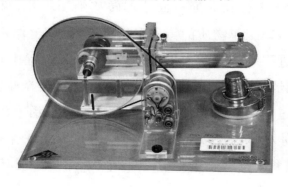

图 4-9-1 斯特林热机模型实验装置

斯特林热机的汽缸为密闭汽缸,其中充有一定的工作物质(空气、氦气、氢气等)。汽缸分为热腔与冷腔两部分,热腔为膨胀腔,冷腔为压缩腔,两个腔体通过回热器连接,如图 4-9-2 所示。回热器具有较大的热容量与很好的导热性,可以导通工作物质在冷腔与热腔中的流通。比回热器温度高的气体通过回热器时,回热器吸收气体的热量,反之气体吸收回热器的热量。

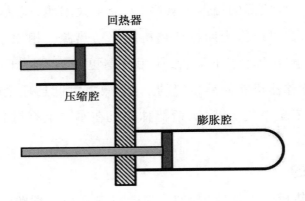

图 4-9-2　汽缸结构

斯特林热机的热循环由两个等温过程和两个等容过程组成,如图 4-9-3 所示。在 1→2 过程中,工作物质在压缩腔内等温收缩,热量传递到外部环境中,也就是工作物质将热量传递给外部低温热源,这个过程为第一次等温过程。在 2→3 过程中,工作物质通过回热器转移到膨胀腔,两个腔体内活塞的相对位置保持不变,即工作物质的体积保持不变,同时工作物质被回热器加热而等容升温,这个过程为第一次等容过程。在 3→4 过程中,工作物质在热腔内被加热而膨胀,且温度保持不变,这个过程为第二次等温过程。在 4→1 过程中,工作物质通过回热器转移到压缩腔,两个腔体内活塞的相对位置保持不变,即工作物质的体积保持不变,热量传递到回热器中并保存,这个过程为第二次等容过程。过程 1→2→3→4→1 为一个循环,一个循环结束后立即进入下一轮循环。

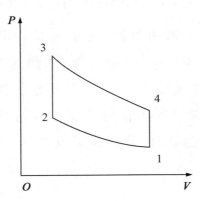

图 4-9-3　热循环过程

💡实验步骤

1.向酒精灯内添加适量的酒精。

2.将酒精灯放置在热腔下方的凹槽中,点燃酒精灯。

3.等待酒精灯将热腔加热 4～5 min 后,用手拨动转轮以启动发动机。

4.发动机开始持续运行后,打开灯泡开关,观察灯泡的状态。

5.实验结束,熄灭酒精灯。

💡注意事项

1.实验过程中注意用火安全。

2.添加酒精时,不宜超过酒精灯容量的 1/3。

3.调节火焰高度,利用酒精灯的外焰加热膨胀腔。

4.实验结束后用酒精灯帽熄灭酒精灯。

💡实验思考

1.两个活塞连接在偏心轮上,相位应该差多少?

2.如果用斯特林热机将机械能转化为热能,应该进行怎样的循环？试结合图 4-9-3 进行分析。

⚙ 4.10　叶片热机

💡实验导入

热机通常以气体为工作物质,利用气体受热膨胀对外做功,其热能的来源一般为燃料燃烧产生的热能等。与普通热机相比,叶片热机的设计原理有所不同,它利用的是太阳能和叶片颜色的差异。

💡实验目的

演示叶片热机的工作现象,了解其工作原理;探究光压效应和颜色对光吸收强弱的影响。

💡实验原理

叶片热机实验装置如图 4-10-1 所示。在一个真空的玻璃容器中,沿竖直轴向镶嵌一个极轻的转轮,转轮上固定着轻质叶片,每个叶片都是一面为白色

（或金属自然光泽）、一面为黑色。

图 4-10-1　叶片热机实验装置

光子在白色表面上被反射,假设动量守恒,则光子的动量变化为：

$$\Delta P = -mc - (mc) = -2mc$$

光子在黑色表面上被吸收,假设动量守恒,则光子的动量变化为：

$$\Delta P' = 0 - (mc) = -mc$$

对比可知,光子在黑色表面上的动量变化仅为白色表面的一半。所以从宏观看,黑色表面所受的压力只为白色表面的一半。理论上,对于同一个叶片,会发生白色表面推动黑色表面转动的现象。但在常温下,由于光压较小,且转轴上存在转动阻力矩,白色表面很难推动黑色表面转动。

实际上,玻璃容器内的压强不可能为零,即容器内不是完全真空的条件。实验所用光源通常为大功率白炽灯,可以辐射出大量的红外线,而黑色表面吸收红外线的能力强,导致其周围的温度高于白色表面。在非完全真空的条件下,黑色表面附近的气体吸热膨胀,压强高于白色表面附近的气体。在这种压强差的作用下,气体流动并带动叶片,使得黑色表面推动白色表面转动起来。

💡实验步骤

1.在弱光条件下观察装置内叶片的转动情况。

2.将实验仪器放在较强的白炽灯下,观察仪器内叶片的转动情况。

💡注意事项

1.玻璃容器容易破碎,实验时注意保护仪器。

2.实验时装置应保持竖直状态。

3.本实验不宜在温度过高的环境中进行。

💡实验思考

1.如果采用日光照射,实验现象会有什么不同?

2.假设实验所用的叶片和转轴装置给定,叶片的转速还与哪些因素有关?

⚙ 4.11　空气黏滞演示

💡实验导入

当液体内各部分之间有相对运动时,接触面上存在内摩擦力,阻碍液体的相对运动,这种内摩擦力称为黏滞力,这种性质称为液体的黏滞性。黏滞性是流体的一种固有物理属性,具有较大的研究价值。例如,在设计管道输送液体时,要考虑流量、压力差、输送距离及液体黏度等因素。

💡实验目的

演示各层气体以不同流速流动时存在的黏滞现象。

💡实验原理

空气黏滞演示实验装置及示意图如图 4-11-1 所示,主要包含主动转盘、从动转盘、电机和支架等部分。下方的转盘为主动转盘,由一个可双向转动的变速马达带动;上方的转盘为从动转盘,可绕轴心自由转动。两转盘之间夹有空气层,马达开动之后,主动转盘在马达的带动下开始转动,不久之后,从动盘跟着主动盘同向转动起来。

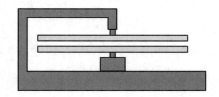

图 4-11-1　空气黏滞演示实验装置及示意图

　　两转盘间的空气层可看作由多层空气层重叠而成,且同一空气层中空气分子的运动速度相同。当两转盘的运动速度不同时,它们之间的空气层中存在速度梯度。热运动使不同空气层中的空气分子相互交换,也就是不同空气层间存在动量的传递。由于动量的交换,从动转盘会跟随主动转盘转动起来。

　　按照经典牛顿力学分析,设运动较快的空气层中空气分子的运动速率为v_1、运动较慢的空气层中空气分子的运动速率为v_2,两空气层的质量均为m,由运动较快空气层进入运动较慢空气层的空气分子质量为dm。假设空气分子扩散前后动量守恒,则存在关系式:

$$(m+dm)v_2'=mv_2+v_1dm$$

　　可以看出,运动较快空气层的空气分子可以使运动较慢空气层的空气分子加速,运动较慢空气层的空气分子可以使运动较快空气层的空气分子减速,各空气层的运动速度最终呈现宏观的稳定状态,这就是空气黏滞现象。

　　气体黏性系数的表达式为:

$$\eta=\frac{1}{3}nm\,\bar{v}\bar{\lambda}$$

　　其中,$\bar{v}$表示气体分子的平均速率,$\bar{\lambda}$表示气体分子的平均自由程,n表示气体分子的密度,m表示气体分子的质量。

实验步骤

1.接通马达的电源,使主动转盘转动起来,观察从动转盘的运动情况。

2.调节马达的转速,观察从动转盘的运动情况。

3.改变马达的转动方向,观察从动转盘的运动情况。

4.实验结束,关闭电源。

注意事项

1.如果从动转盘不随主动转盘转动,可能是因为老化等原因导致从动转盘的静摩擦力增大,此时可以轻轻拨动从动转盘,使它克服静摩擦力开始转动。

2.禁止用外力强制停止马达转动,以免烧坏马达。

实验思考

1.你所了解的空气黏滞系数与哪些外界因素有关?

2.从动转盘的转速最终能否与主动转盘一致?

4.12 热电现象演示

实验导入

在两块不同性质的半导体两端设置一个温差,半导体上就会产生直流电压,这便是温差半导体发电。温差半导体发电利用塞贝克(Seebeck)效应将热能直接转换为电能,具有无噪声、寿命长、性能稳定等特点,是一种新型的发电方式。

实验目的

演示热电现象,理解塞贝克效应。

实验原理

塞贝克效应又称第一热电效应,指的是两种不同电导体或半导体因温度差异而产生电压差的热电现象,主要是热端载流子往冷端扩散的结果。这种温差电动势仅与两种材料接触点的温度有关,与导线的温度无关,也与是否接入第三种材料无关。

在本实验中,半导体片由一片 P 型半导体和一片 N 型半导体连接而成。将半导体片与小风扇连接成闭合回路,并让它的一面与散热片接触,另一面与高温热源接触,如图 4-12-1 所示。在塞贝克效应的作用下,半导体两面产生了温差电动势,小风扇开始转动。此时,若调换半导体两面所接触的热源,则温差电动势的方向反转,小风扇开始反向转动。

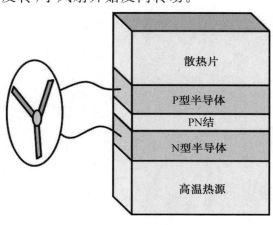

图 4-12-1   热点现象演示实验示意图

实验步骤

1.将一块半导体与小风扇连接成闭合回路。

2.将半导体的一面与散热片相接触,另一面与高温热源相接触,观察小风扇的转动情况。

3.交换半导体两面所接触的热源,观察小风扇的转动情况。

4.实验结束,断开所有连接,恢复仪器。

注意事项

1.此实验不宜在温度过高或过低的环境中进行。

2.实验中用到高温热源,操作时注意安全,避免烫伤。

3.实验完毕后,断开一切连接。

实验思考

生活中是否见过半导体温差发电的应用? 试举出一两例。

5 新实验篇

⚙ 5.1 波粒二象性

💡实验导入

在经典力学中,研究对象总是被明确地区分为两类:波和粒子。前者的典型例子是光,后者则组成了我们常说的物质。1905 年,爱因斯坦提出了光电效应的光量子解释,人们开始意识到光同时具有波和粒子的双重性质。1924 年,德布罗意提出物质波假说,认为一切物质都和光一样具有波粒二象性。根据这一假说,电子也会有干涉和衍射等波动现象,这被后来的电子衍射实验所证实。

💡实验目的

演示光的波粒二象性,加深对波粒二象性的理解。

💡实验原理

波粒二象性实验装置如图 5-1-1 所示,主要包含激光器、光电池、半透半反镜、衍射光栅、光屏、检流计和底座等,其中光电池与检流计构成回路。

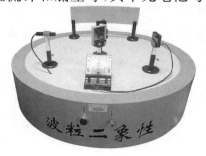

图 5-1-1　波粒二象性实验装置

量子力学理论认为,自然界中所有的粒子,如光子、电子或原子等,都能用一个微分方程(如薛定谔方程)来描述。这个方程的解为波函数,它描述了粒子的状态。波函数具有叠加性,能够像波一样互相干涉。同时,波函数也被解释为描述粒子出现在特定位置的概率幅。这样,粒子性和波动性就统一在同一个解释之中。

光具有粒子性。照射由半导体材料制作的光电池时,若光子的能量大于材料的禁带宽度,材料将吸收光子形成电子-空穴对。在内建电场的作用下,电子与空穴向相反方向运动,最终在外电路中形成电流。在本实验中,激光入射到半透半反镜后分为两路,其中一路为透射光。光电池与检流计构成回路,透射光照射光电池,若检流计的指针发生偏转,则说明有光电流产生,验证了光的粒子性。

光具有波动性。照射衍射光栅时,若光栅障碍物的尺寸小于或接近光波波长,则可以在光栅后方形成衍射图样。在本实验中,激光入射到半透半反镜后分为两路,其中一路为反射光。反射光照射衍射光栅,若在光栅后方的光屏上产生衍射图样,则说明光发生了衍射,验证了光的波动性。

💡实验步骤

1.打开电源,调节激光功率旋钮。

2.透射激光照射在光电池上,观察微安表的指针偏转。

3.反射激光照射在衍射光栅上,观察光屏上的光栅衍射图样。

4.实验结束,关闭电源。

💡注意事项

1.实验前应打开电源预热 3～5 min。

2.实验时缓慢调节激光功率旋钮,以免损坏仪器。

3.激光的能量密度较大,禁止直射人眼,以免造成伤害。

💡实验思考

还有其他实验方案能验证波粒二象性吗?

5.2　PEM 太阳能氢气模型

实验导入

PEM 是质子交换膜的英文简称,它可以在传导质子的同时隔绝氧气或氢气,是质子交换膜燃料电池的核心部件。质子交换膜燃料电池以氢为燃料,具有无污染、无噪声、效率高等优点,广泛用于汽车、航天等领域。PEM 太阳能氢气系统作为一种新型的能量供应系统具有良好的发展前景,本实验演示了 PEM 太阳能氢气模型的运行。

实验目的

了解 PEM 太阳能氢气模型的运行原理。

实验原理

PEM 太阳能氢气模型实验装置如图 5-2-1 所示,主要包含太阳能电池板、储气罐、电解器、燃料电池、气阀与小风扇等部分。光线照射太阳能电池板,产生的电能作用在电解器上,将水电解为氢气与氧气。通入氢气时,燃料电池可以产生电能,使小风扇工作。

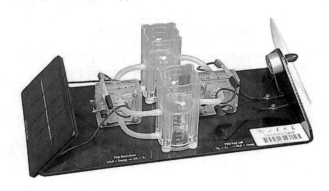

图 5-2-1　PEM 太阳能氢气模型实验装置

P 型半导体中的多数载流子为空穴,N 型半导体中的多数载流子为电子,将二者"拼接"在一起,由于多数载流子的扩散作用,在交界处会发生空穴与电子的中和,形成一个耗尽区,即 PN 结。耗尽区内存在一个由 N 区指向 P 区的内建电场,当光子被 PN 结处的半导体吸收时,所产生的电子受内建电场作用而运动到 N 区,对应的空穴则运动到 P 区,在 PN 结的两侧累积电荷。若用导线将 PN 结构成回路,则在外电路中形成电流,这便是太阳能电池将太阳能转化为电能的基本原理。本实验将太阳能电池板与电解器相连接,利用产生的电能将水电解为氢气与氧气。

质子交换膜燃料电池主要由阳极、阴极和质子交换膜组成,其工作原理示意图如图 5-2-2 所示。氢气在阳极催化剂的作用下分解为带正电的氢离子(即质子),并释放出电子,所发生的电化学反应为:

$$H^2 \rightarrow 2H^+ + 2e^-$$

质子交换膜为电解质,可以在传导质子的同时隔绝氢气或氧气。电子经外电路由阳极到达阴极,在外电路中形成电流;氢离子通过质子交换膜由阳极到达阴极,在阴极催化剂的作用下,氧气、氢离子与电子发生的电化学反应为:

$$\frac{1}{2}O_2 + 2H^+ + 2e^- \rightarrow H_2O$$

在燃料电池中发生的总电化学反应为:

$$H_2 + \frac{1}{2}O_2 \rightarrow H_2O$$

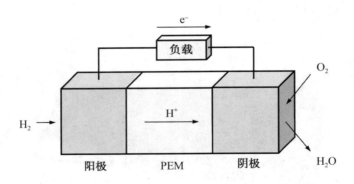

图 5-2-2 质子交换膜燃料电池工作原理示意图

💡实验步骤

1.向储气罐中加入水。

2.使用导线连接太阳能电池板与电解器。

3.使用软管连接燃料电池—气阀和气阀—储气罐。

4.使用导线连接燃料电池和小风扇。

5.仔细检查软管的接口处是否密封良好,导线的连接是否良好。

6.关闭气阀,使用灯光照射太阳能电池板,电解器会慢慢产出气泡。

7.等待几分钟后,打开气阀,将氢气通入燃料电池,观察小风扇的工作状态。

8.实验结束,清理电解器与储气罐中的水。

注意事项

1.不要对燃料电池的电压输出端施加外部电压,否则会损坏模型。

2.实验时一定要使用蒸馏水或去离子水。

3.氢气易燃易爆,实验时应远离明火,注意安全。

4.实验前要仔细检查连接,确保软管的连接部位密封良好。

5.必须确保电解器所加电源极性正确,否则将损坏仪器,甚至发生危险。

实验思考

1.使用灯光照射太阳能电池板时,是否距离越近越好?

2.该模型是否能用于其他燃料(如甲烷)电池的演示?为什么?

5.3　磁光调制

实验导入

磁光效应主要有三种,即法拉第效应、克尔效应与塞曼效应,其中法拉第效应的应用最为广泛。很多功能磁光器件,如磁光调制器、磁光开关、磁光隔离、磁光偏转器、磁光环行器与磁光衰减器等,都应用了法拉第效应进行磁光调制。

实验目的

演示法拉第效应,了解磁光调制的基本理论。

实验原理

磁光调制实验装置如图 5-3-1 所示,主要包含激光器、起偏器、检偏器、励磁线圈、磁光介质、光屏、电源与光学导轨等部分。单色光由激光器产生,经过起偏器后成为线偏振光。线偏振光经过磁场中的磁光介质(重火石玻璃)时偏振面发生偏转,再经过检偏器后投射到光屏上。检偏器的透振方向与偏振光的偏振方向一致时,光屏上的光斑最亮;透振方向与偏振方向垂直时,光屏上的光斑消失。通过测量检偏器与起偏器的透振角度,即可算出磁致旋光角。

图 5-3-1　磁光调制实验装置

　　线偏振光通过置于磁场中的磁光介质时,其偏振面会随着平行于光线传播方向的磁场发生旋转,这种现象称为法拉第效应。实验结果表明,线偏振光的磁致旋光角 θ 与介质长度 L 及光传播方向上的磁感应强度 B 成正比,即:

$$\theta = VBL$$

　　其中,比例系数 V 称为费尔德常数,与光的频率及介质的性质有关,且一般材料的费尔德常数与波长成反比。磁光调制实验示意图如图 5-3-2 所示。

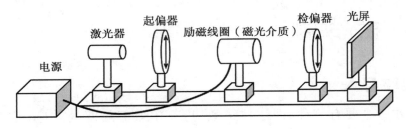

图 5-3-2　磁光调制实验示意图

💡实验步骤

1.将磁光介质插入励磁线圈,调节各元件等高共轴。

2.调节励磁电源的电压调节旋钮,使其处于输出电压最小的位置。

3.固定起偏器透振方向的角度为 0°,调节检偏器透振方向的角度为 90°。

4.接通激光器电源,此时光屏上的光斑消失。

5.打开励磁电源,设置一定大小的励磁电流,观察光屏上光斑的亮度。

6.转动检偏器,直至光屏上的光斑消失,记下检偏器透振方向的角度。

7.改变励磁电流大小,即改变磁场强度,重复以上步骤。

8.改变励磁电流方向,重复以上步骤。

9.实验结束,关闭电源。

💡注意事项

1.注意用电安全。

2.不要用手直接触摸元件的光学表面。

3.激光的能量密度较大,禁止直射人眼,以免造成伤害。

4.实验结束后,关闭激光器电源与励磁电源,并将电压调节旋钮调至输出电压最小的位置。

💡实验思考

1.材料的法拉第效应与哪些因素有关?

2.普通透明材料和透明磁性材料的法拉第效应有何区别?

3.某些材料存在的自然旋光对本实验有什么影响?如何消除?

4.实验中为什么以光斑消失为判断依据,而不是光斑亮度最大?

⚙ 5.4　磁混沌摆

💡实验导入

一只南美洲亚马孙河流域热带雨林中的蝴蝶,偶尔扇动几下翅膀,可以在两周以后引起美国得克萨斯州的一场龙卷风。这种现象被称为蝴蝶效应,这是一个关于混沌学的比喻。在非线性动力学系统中,初始条件的微小变化能够引起整个系统长期的巨大连锁反应,这就是混沌现象。

💡实验目的

演示混沌现象,了解混沌现象的原理。

💡实验原理

磁混沌摆实验装置如图 5-4-1 所示,主要包含细绳、摆锤、支架与 3 个固定的磁极等部分。摆锤通过细绳悬挂在支架上,可以在磁场的约束下运动。

图 5-4-1 磁混沌摆实验装置

一个动力学系统的运动状态可以用动力学方程来描述。如果动力学方程是线性的,那么只要给定初始条件,就可以确定该系统后续任意时刻的运动状态。如果动力学方程是非线性的,那么该系统的运动状态将随初始条件的微小变化而存在较大差异。

磁混沌摆主要由底部的 3 个磁极和 1 个悬挂的摆锤构成,它们共同组成非线性动力系统,用于模仿宇宙间的 1 个小星体受到 3 个恒星的引力时的混沌运动,演示混沌的初始条件敏感性。每次释放摆锤时,虽然控制摆锤的初始状态尽量一致,但仍不可避免地存在微小差异,经过一段时间后,摆锤的运动轨迹会存在极大差异。摆锤每次的运动轨迹都是不可预见的,具有极大的不确定性,无法重复上一次的运动状态。摆锤静止后,其平衡位置也不是唯一确定的。

💡实验步骤

1.将摆锤拉动到某一初始位置,记录该位置。

2.将摆锤由静止状态释放,观察摆锤的运动轨迹。

3.摆锤静止后,记录摆锤的平衡位置。

4.重复以上步骤,观察摆锤运动轨迹与平衡位置的变化。

5.稍微改变摆锤的初始位置,重复以上步骤。

6.多次重复以上步骤,对比摆锤运动轨迹与平衡位置的变化,分析初始条件的微小变化对实验结果的影响。

注意事项

1.混沌摆极易损坏,注意轻拿轻放。

2.操作时尽量准确地记录摆锤的初始位置。

实验思考

1.在日常生活中,你是否见到过混沌现象? 你还知道哪些混沌现象?

2.你认为磁场强度或摆锤的质量是否会影响摆锤的运动轨迹?

3.除初始位置外,是否还有其他因素影响摆锤的运动轨迹?

4.能否自己设计实验装置,用来演示混沌现象?

5.5 电磁波综合实验

实验导入

电磁波按波长从长至短可分为无线电波、微波、红外线、可见光、紫外线、X射线与 γ 射线等,其中微波具有较短的波长,便于产生和接收。此外,微波具有明显的波动性,且方向性较好,因此本实验选用微波进行反射与衍射实验。

实验目的

演示电磁波的反射与衍射现象。

实验原理

电磁波综合实验装置如图 5-5-1 所示,主要包含微波发射器、微波接收器、金属反射板与衍射光栅等部分。

(a)　　　　　　　　　　　　　(b)

图 5-5-1　电磁波综合实验装置

可见光是波长在 400～780 nm 范围内的电磁波,具有反射、折射、干涉与衍射等特性。与光波相同,其他成分的电磁波(如微波)也存在反射与衍射等现象。电磁波在传播过程中遇到障碍物时会发生反射(类似于光线的传播),且遵循与光波相同的反射定律。衍射光栅是一种多缝衍射元件,其本质是一系列相互平行的狭缝。电磁波在传播过程中遇到光栅时,若狭缝间障碍物的尺寸小于或接近电磁波的波长,则电磁波会发生衍射,类比于光的衍射会形成明暗相间的条纹。电磁波发生衍射时,会在空间内形成幅值周期性变化的分布。

实验步骤

1.按图 5-5-1(a)放置仪器。

2.调整发射器喇叭口,使电磁波以一定角度入射到金属反射板。

3.固定发射器不动,打开电源,将信号源设置在"电压"和"等幅"挡。

4.改变接收器的位置与角度,观察示数变化。

5.测量接收器读数最大时电磁波的入射角与反射角。

6.关闭电源,按图 5-5-1(b)放置仪器。

7.调整发射器喇叭口,使电磁波垂直入射到金属衍射光栅,且两喇叭口正对。

8.固定发射器不动,打开电源,将信号源设置在"电压"和"等幅"挡。

9.改变接收器的位置与角度,观察示数变化。

10.记录接收器在不同位置与角度时的读数,作图并分析多缝衍射图样。

11.实验结束,关闭电源。

注意事项

1.注意用电安全。

2.注意控制接收器的示数,调节衰减器使接收器的示数在总量程的 80% 左右,以尽量减少仪器显示误差与读数误差。

3.注意控制发射器的喇叭口与接收器的喇叭口水平。

4.喇叭口与金属板的距离要适中。

实验思考

分析本实验中误差的主要来源。

⚙ 5.6　光电效应

💡实验导入

光照射金属表面时,会有电子从金属表面逸出,这种现象称为光电效应。传统的光波动理论无法解释光电效应,直到爱因斯坦提出了光量子假说,即光的能量并非连续均匀分布,而是由离散的能量粒子(即光量子,简称光子)所构成。光量子假说不仅合理地解释了光电效应,同时还促进了量子力学的早期发展,前瞻性地揭示了微观世界的基本特征,即波粒二象性。

💡实验目的

演示光电效应,理解并掌握光电效应的原理。

💡实验原理

光电效应实验装置如图 5-6-1 所示,主要包含电子发射锌板、电子接收锌板、金属框、紫外光源、红光光源、遮光板、电压源和电流表等部分。

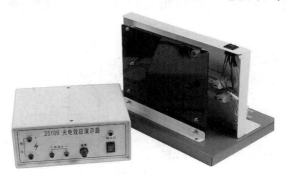

图 5-6-1　光电效应实验装置

光电效应可以分为光电子发射、光电导效应和光生伏特效应,前者发生在物体表面,又称外光电效应,后两者发生在物体内部,称为内光电效应。根据爱因斯坦的假说,光子的能量离散分布,且与光的频率成正比,即:

$$E = h\nu$$

其中,E 为光子的能量,h 为普朗克常数,ν 为光的频率。

金属对电子具有束缚作用,只有能量大于一定阈值的电子才能从金属表面逸出。该阈值与金属的种类有关,称为该种金属的逸出功。逸出功 w 是金属表面的电子挣脱束缚成为光电子的最小能量。从频率的角度看,光子的频率必须大于或等于金属特征的极限频率,才能给予电子足够的能量以挣脱束缚。逸出功和极限频率的关系为:

$$w = h\nu_0$$

其中,w 为逸出功,ν_0 为金属的极限频率。

假设电子所吸收的光子能量大于逸出功,其中一部分能量用于克服金属的束缚,剩余的能量成为电子逸出后的动能,即:

$$K_{max} = h\nu - w = h(\nu - \nu_0)$$

其中,K_{max} 为逸出电子的最大动能。

在本实验中,紫外光的频率大于锌板的极限频率,用紫外光照射电子发射锌板时,金属中的电子吸收光子能量而逸出,成为光电子。在电极间电场的作用下,光电子移动到电子接收锌板,在回路中形成电流。红光的频率小于锌板的极限频率,用红光照射电子发射锌板时,金属中的电子所吸收光子能量小于逸出功,无法克服金属的束缚,不能在回路中形成电流。金属框的作用是消除光电效应产生的电子云,防止形成阻碍电子逸出的负势垒。光电效应实验示意图如图 5-6-2 所示。

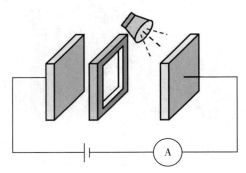

图 5-6-2　光电效应实验示意图

🔆实验步骤

1.接通电源,调整电压源输出适当的电压。

2.放置金属框并接正电压,加速电子的逃逸,避免形成电子云。

3.打开紫外光源,照射电子发射锌板,观察电流表的示数变化。

4.用遮光板挡住紫外光源,观察电流表的示数变化。

5.关闭紫外光源,打开红光光源,照射电子发射锌板,观察电流表的示数变化。

6.用遮光板挡住红光光源,观察电流表的示数变化。

7.改变电源电压值,重复以上步骤。

8.实验完毕,关闭电源。

💡注意事项

1.注意用电安全。

2.禁止用手触摸锌板,防止被电击。

3.避免在强光下进行实验。

💡实验思考

1.为什么不用其他频率的光源(如红外光源)照射电子发射锌板?

2.为何经典的波动理论无法解释光电效应?

3.光量子假说是否与麦克斯韦电磁理论相违背?

⚙️ 5.7　亥姆霍兹线圈

💡实验导入

亥姆霍兹线圈是一对相互平行、共轴、尺寸相同且间距约等于线圈半径的载流线圈,通以同向电流时,两线圈间的磁场可以近似看作匀强磁场。该匀强磁场的场强与电流成正比且容易精确控制,常用于产生标准磁场、补偿磁场或研究物质的磁特性等。本实验通过霍尔元件测量亥姆霍兹线圈之间的磁场分布,通过改变线圈的通电状态来验证磁场的叠加原理。

💡实验目的

了解亥姆霍兹线圈的基本原理,学习利用霍尔效应测量磁场强度的方法,了解磁场的叠加原理。

💡实验原理

亥姆霍兹线圈实验装置如图 5-7-1 所示,主要包含亥姆霍兹线圈、电压源、霍尔元件、数字毫伏表、导轨和支架等部分。导轨安装于两个线圈的中轴线上,其上装有一个霍尔元件探头,用于测量磁场强度,测量结果由数字毫伏表显示。转动导轨右端的手轮可以调整霍尔元件的位置,调整线序可以改变线圈中的电流方向。

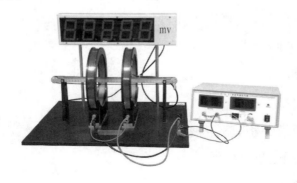

图 5-7-1　亥姆霍兹线圈实验装置

根据比奥-萨法尔定律,单匝半径为 R 的线圈中通有电流 I 时,以线圈的圆心为原点,线圈轴线上某点的磁感应强度为:

$$B = \frac{\mu_0 I R^2}{2 (R^2 + x^2)^{3/2}}$$

其中,B 为沿轴线距原点为 x 处的磁感应强度,μ_0 为真空磁导率。

对于匝数各为 N 匝、半径为 R 且相距为 d 的亥姆霍兹线圈,两线圈中都通过同向电流 I 时,以两线圈圆心连线的中点为原点,线圈轴线上某点的磁感应强度为两个通电线圈单独在该点产生的磁感应强度之和,即:

$$B = \frac{\mu_0 N I R^2}{2 \left[R^2 + \left(x + \dfrac{d}{2} \right)^2 \right]^{3/2}} + \frac{\mu_0 N I R^2}{2 \left[R^2 + \left(x - \dfrac{d}{2} \right)^2 \right]^{3/2}}$$

此时,磁感应强度的分布近似如图 5-7-2 所示。

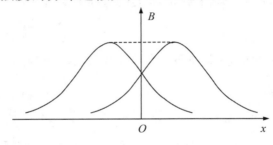

图 5-7-2　磁感应强度分布

两线圈间的区域内,磁感应强度变化比较缓慢,磁场可以近似看作匀强磁场。将 B 对 x 求导可知,当线圈之间的距离 d 等于线圈半径 R 时,线圈间磁场的均匀性最好。

两线圈中通过反向电流 I 时,轴线上的磁感应强度为:

$$B = \frac{\mu_0 N I R^2}{2\left[R^2 + \left(x + \dfrac{d}{2}\right)^2\right]^{3/2}} - \frac{\mu_0 N I R^2}{2\left[R^2 + \left(x - \dfrac{d}{2}\right)^2\right]^{3/2}}$$

即两线圈间的区域内磁场相互抵消,在原点处的磁感应强度为零。

本实验利用霍尔效应测量线圈产生的磁感应强度,如图 5-7-3 所示。对于一个长度为 l、宽度为 w、厚度为 d 的半导体块,沿厚度方向施加磁场,沿长度方向施加电流,则在宽度方向上将产生电压,即霍尔电压。假设磁感应强度为 B,电子的运动速度为 v(认为电流 I 是电子运动的结果),则电子受到的洛伦兹力为:

$$F = evB$$

在洛伦兹力的作用下,电子到达半导体的表面并积累,形成霍尔电压 U_H。

当霍尔电压产生的电场满足平衡条件,即 $eE_H = evB$ 时,电场力与洛伦兹力达到平衡,电子不再积累到半导体的表面,霍尔电压达到稳定值。在电流值 I 一定的情况下,通过测量霍尔电压,就可以间接测量出磁感应强度。

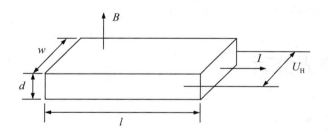

图 5-7-3　霍尔效应原理示意图

💡实验步骤

1.连接好仪器,接通电源,预热 10 min,将数字毫伏表调零。

2.正向接通两线圈,调节电源使输出电流为 200 mA 左右,转动手轮使霍尔元件探头在导轨上运动,每运动 1 cm 记录一次磁感应强度值。

3.根据实验数据作图,分析两同向载流线圈间的磁场分布情况。

4.反向接通两线圈,调节电源使输出电流为 200 mA 左右,转动手轮使霍尔元件探头在导轨上运动,每运动 1 cm 记录一次磁感应强度值。

5.根据实验数据作图,分析两反向载流线圈之间的磁场分布情况。

6.只接通一个线圈,调节电源使输出电流为 200 mA 左右,转动手轮使霍尔元件探头在导轨上运动,每运动 1 cm 记录一次磁感应强度值。

7.根据实验数据作图,分析单个载流线圈轴线上的磁场分布情况。

8.比较步骤 3、步骤 5、步骤 7 的实验结果,分析三者之间的关系,验证磁场的叠加原理。

9.改变线圈中电流的大小,重复以上步骤。

10.实验结束,关闭电源。

注意事项

1.注意用电安全。

2.线圈通电前,先将数字毫伏表调零。

3.转动手轮时切勿用力过猛,避免损坏仪器。

4.线圈所加电流不宜过大,以免烧坏线圈,或磁感应强度超出量程。

实验思考

1.对于实验中所测量的霍尔电压,其误差来源有哪些?

2.如何减小或消除测量误差的影响?

5.8 激光监听

实验导入

人们说话的声音会引起周围物体的微小振动,激光这时照射到这些物体上,反射回来的光线中就含有了声音的信息。经过特殊的信号处理,可以将反射光线中的声音信息还原出来。

实验目的

演示实验现象,了解激光监听的基本原理。

💡实验原理

激光监听实验装置如图 5-8-1 所示,主要包含木箱、激光器、光电探测器、信号处理电路和扬声器等部分。木箱内装有扬声器,木箱的一个侧面装有反射镜,扬声器发声时可引起反射镜的微小振动。激光器射出的光线被反射镜反射,反射光由光电探测器探测。信号处理电路将光电探测器的输出信号转变为与声音对应的电压信号,并驱动扬声器发声。

图 5-8-1　激光监听实验装置

光子入射到半导体表面时,半导体吸收光子,产生电子-空穴对,导致半导体的电导增大,这种现象称为光电导效应,是内光电效应的一种。光电探测器是对半导体内光电效应的重要应用。根据统计光学理论,光电探测器的输出电流与入射光的功率成正比。

在本实验中,木箱内的扬声器发声,引起反射镜的微小振动,导致入射光电探测器的光功率发生变化,即光电探测器的输出信号发生变化。实际上,光电探测器的输出信号非常微弱,且包含背景噪声等干扰成分,需要由信号处理电路进行阻抗匹配、滤波与信号放大等处理。处理后的信号用于驱动扬声器发声,可将木箱中扬声器的声音还原出来。激光监听实验示意图如图 5-8-2 所示。

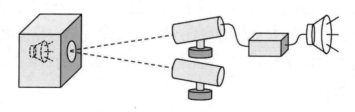

图 5-8-2　激光监听实验示意图

☀实验步骤

1.合理摆放仪器,调整位置与角度,使反射光能直射光电传感器。

2.接通电源,使木箱内的扬声器发声。

3.观察实验现象,对比远处扬声器与木箱内扬声器发出的声音。

4.改变激光的入射角,重复以上步骤。

5.实验结束,关闭电源,整理仪器。

☀注意事项

1.注意用电安全。

2.激光的能量密度较大,禁止直射人眼,以免造成伤害。

3.实验中要求光路固定,且环境振动较小。

4.木箱内扬声器的音量不宜过大,以免影响观察实验现象。

5.实验时轻拿轻放,注意保护实验装置。

☀实验思考

1.与原始的监听麦克风相比,这种新型的声音收集方法有什么特点?

2.有什么方法能够提高监听精准度?

3.你能不能模仿这种收集声信号的方法,设计出一种确定声源位置的装置?

⚙ 5.9 记忆合金水车

☀实验导入

对于镍钛合金、铜锌合金、铜铝镍合金、铜钼镍合金、铜金锌合金等合金材料,在一定的温度范围内任意改变它们的形状,到了某一特定温度,它们会自动恢复原来的形状。人们把这种现象叫作形状记忆效应,把具有形状记忆效应的合金叫作形状记忆合金,简称记忆合金。利用记忆合金可以制作多种温控器件,如自动消防龙头、飞机空中加油的管道接口、宇宙空间站的自展天线等。

☀实验目的

演示记忆合金的形状变化,了解记忆合金的应用。

🔆实验原理

合金在低温相发生形变,加热到临界温度以上时恢复原始形状,冷却时不会恢复低温相的形状,这种现象称为单程记忆效应。若加热时合金恢复高温相的形状,冷却时恢复低温相的形状,这种现象称为双程记忆效应。记忆合金水车实验装置及示意图如图 5-9-1 所示,主要包含转轮、记忆合金片和水箱等部分。记忆合金片具有双程记忆效应,在高温相与低温相的弯曲形变方向相反。合金片安装在转轮上,转轮可绕转轴自由旋转。水箱中装有热水,水温足以使记忆合金片处于高温相。

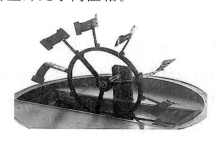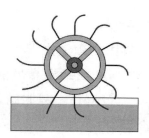

图 5-9-1　记忆合金水车实验装置及示意图

暴露在空气中的合金片处于低温相,假设此时合金片自由端的弯曲形变方向为顺时针方向。进入热水后,合金片吸热进入高温相,此时合金片自由端的弯曲形变方向由顺时针方向变为逆时针方向。在此过程中,合金片对水有一个作用力,根据牛顿第三定律,水对合金片具有反作用力,该力可推动转轮旋转。合金片离开热水后,向空气中散热而回到低温相,同时自由端的弯曲形变方向恢复顺时针方向,直到再次进入热水中。如此往复循环,合金片自由端的弯曲形变方向循环变化,使水车自动且不停歇地旋转起来。

🔆实验步骤

1.向水箱中加入温度足够高的热水。

2.观察水车的转动。

3.观察记忆合金片弯曲形变状态的变化。

4.实验结束,整理仪器。

🔆注意事项

1.水箱中的水温要足以保证记忆合金片处于高温相。

2.水温较高,实验过程中注意安全,避免烫伤。

💡**实验思考**

1.你认为水车转动的速度与哪些因素有关？

2.是否可以认为记忆合金水车是一个永动机？如果不是,它的能量来自哪里？

3.记忆合金还可以应用在哪些地方？

5.10 普氏摆

💡**实验导入**

1922年,德国物理学家卡尔·普尔弗里奇(Carl Pulfrich)发现了人眼的一个奇异生理现象,即当细绳悬吊摆锤构成的单摆在一个平面内做往复运动时,如果用一块茶色镜遮住一只眼睛,将看到摆锤的运动轨迹从直线变为椭圆。

💡**实验目的**

观察摆球的运动轨迹,了解人眼成像的相关知识。

💡**实验原理**

普氏摆实验装置及示意图如图 5-10-1 所示,主要包含支架、摆球、钢柱阵列和眼镜等部分。两根细绳呈一定角度系着摆球构成一个单摆,保证单摆只能在一个竖直平面内摆动。在摆球运动的区域内布有钢柱阵列,辅助展示摆球的运动轨迹。眼镜用于观察摆球的运动,两个镜片的透光率不同。

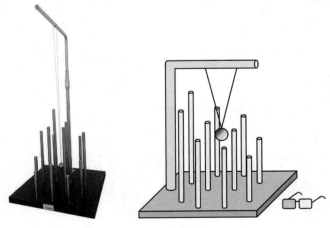

图 5-10-1 普氏摆实验装置及示意图

外界事物经人眼作用在视网膜上成像,这一过程是物理过程。视网膜上的物象激发视神经细胞产生神经信号,这一过程是生理过程。大脑对输入的神经信号进行分析、对比、判断,并生成图像,这一过程是心理过程。

研究表明,人眼对不同光强的响应速度不同,当光强相差较大时,会有数毫秒的反应时间差。在本实验中,两个镜片的透光率不同,导致进入实验者双眼的光强存在差异,即存在视差。大脑巧妙地将两眼的图像合成,产生有空间感的视觉效果。在上述物理过程、生理过程与心理过程的综合作用下,实验者观察到摆球的运动轨迹变为椭圆。

一方面,普氏摆给我们提出警示:如果司机的墨镜出现问题,或两镜片的颜色有差异,那么人眼对物体位置与轨迹的判断可能会出现较大误差。另一方面,利用普氏摆的原理制造眼镜,可以在平面显示器上看到立体的效果。

实验步骤

1.拉动摆球并释放,使单摆自由摆动。

2.实验者站在仪器前方 $1.5\sim2.0$ m 处观察摆球。

3.调整体位,使视线与摆球的运动方向垂直,且两眼与摆球在同一水平面内。

4.观察摆球的运动,判断运动轨迹。

5.戴上眼镜,观察摆球的运动,判断运动轨迹。

6.交换左右镜片,观察摆球的运动,判断运动轨迹。

注意事项

1.注意保护镜片,避免磨损。

2.实验前仔细检查细绳与摆球、支架是否牢固固定,避免脱落。

实验思考

1.普氏摆的原理在生活中有哪些应用?

2.交换左右镜片后,观察到摆球的运动轨迹有何变化?为什么?

5.11 人造火焰

实验导入

粗糙表面会将平行入射的光线向不同方向无规则地反射,这种反射称为漫反射或漫射。根据漫反射的原理,我们可以利用灯光与反射镜做出逼真的火焰,即所谓的人造火焰。

💡实验目的

演示玻璃窗内的人造火焰,了解漫反射的相关知识。

💡实验原理

实验中所观察到的火焰并非真实的火焰,而是人工制造的视觉效果。"木炭"由塑料薄膜压制而成,不同位置处的厚度不同。塑料板后面是红色背灯,灯光通过塑料板厚度较大的位置时呈现出较暗的效果,通过厚度较小的位置时呈现出明亮的效果。只要精心设计塑料模具,就可以逼真地呈现出木炭燃烧的景象,如图 5-11-1 所示。

图 5-11-1　人造火焰

为了使火苗从炭火堆中"窜出",在炭火模型的后面放置一面反射镜,上面刻有火苗状的透光纹理。炭火模型与镜中的像之间存在一定距离,形成一个透光缝;在缝的下部装有一根转轴,轴上镶满反射方向各不相同的小反光片。随着转轴的转动,光线被反光片随机地反射出来,呈现出火苗"跳动"的景象。

💡实验步骤

1.接通电源,观察视窗内的人造火焰效果。

2.实验结束,关闭电源。

💡注意事项

1.注意用电安全。

2.切勿打开观察窗,以免损坏仪器。

实验思考

1.在日常生活中,你是否见到过其他漫反射? 你还知道哪些漫反射现象?

2.在城市建设中会极力避免光污染的出现,你知道光污染是如何形成的吗? 它们属于哪一种反射?

5.12　雅各布天梯

实验导入

两根呈羊角形的管状电极,间距下窄上宽,一个电极接高电压,另一个电极接地。当电压升高到一定程度时,电极底部产生电弧,且电弧自下而上移动,如一簇簇火焰向上爬升。

实验目的

演示雅各布天梯,了解气体弧光放电。

实验原理

雅各布天梯实验装置如图 5-12-1 所示,主要包含电极、变压器、底座支架和防护罩等部分。两个电极固定在底座支架上,间距下窄上宽,一个电极接高电压,另一个电极接地。变压器安装在底座中,可以产生高电压输出。

图 5-12-1　雅各布天梯实验装置

电场强度与电极间的距离成反比,与电极间的电压差成正比。当电压差较大时,强电场将电极间的空气电离为带有正负电荷的离子。在电场的作用下,带电离子产生定向移动,形成电流,并通常伴有光和热的产生,即电弧放电。在本实验中,电极下端(间距最小处)的空气最先被电离击穿,在电极底部产生电弧放电。由于电弧具有热效应,使局部空气温度升高,形成空气对流,带动带电离子上升。另外,随着空气温度的升高,空气的击穿场强会减小,即空气更容易被电离。最终,电弧沿着电极不断向上移动。当电弧升至一定高度时,由于电极间的距离过大,电场强度较小,不足以维持空气的电离击穿状态,电弧熄灭。同时,电极底部的空气再次被电离击穿,发生第二轮电弧放电,如此周而复始。

实验步骤

1.接通电源。

2.按下开关,可以看到电极底部产生的电弧沿着"天梯"向上"爬升",同时伴有放电声。

3.到达一定高度后,电弧熄灭,同时天梯底部再次产生电弧放电。

4.实验结束,关闭电源。

注意事项

1.注意用电安全。

2.实验装置由继电器控制通电时间,切勿反复按动电源开关。

3.每次演示时间不能过长,一般不超过 3 min。

实验思考

1.温度对电弧上爬的最大高度有何影响?

2.两电极间的夹角对电弧上爬的最大高度与速度有何影响?

3.如果将天梯倒置,电弧会不会下降?

5.13　激光琴

实验导入

与传统的竖琴相比,激光琴没有琴弦,取而代之的是激光束。操作者遮挡激光束时,激光琴会发出相应的声音,如果操作适当,可以像竖琴一样演奏曲目。

实验目的

演奏激光琴,了解光电信号转换的基本知识。

实验原理

激光琴实验装置如图 5-13-1 所示,主要包含金属管、激光器、光敏电阻、支架、控制电路与发声模块等部分。激光器置于各金属管中,垂直向下发射激光束。光敏电阻安装在支架底座,位置正对激光束。控制电路与发声模块安装在支架内部,控制电路可监测光敏电阻的状态,并驱动发声模块发声。

图 5-13-1　激光琴实验装置

在有激光照射和无激光照射的情况下,光敏电阻的阻值变化较大,配合适当的信号调理电路,可以将光照转化为电阻两端的电压变化。有激光照射时,光敏电阻两端为高电平(或低电平),对应数字逻辑为 1(或 0);无激光照射时,光敏电阻两端为低电平(或高电平),对应数字逻辑为 0(或 1)。控制电路通过监测电平变化判断激光束是否被遮挡,并驱动发声模块发声。不同激光束被遮挡时,激光琴发出的声音不同。一般来说,激光琴的设计目的是达到与竖琴相同的发声效果,即遮挡某一激光束时,激光琴发出的声音与拨动竖琴对应琴弦时发出的声音相同。

☀ 实验步骤

1.接通电源。

2.用手依次遮挡不同的激光束,分辨对应的音调。

3.同时遮住多束激光,观察实验现象。

4.尝试利用激光琴演奏曲目。

5.实验结束,关闭电源。

☀ 注意事项

1.注意用电安全。

2.实验中不要长时间遮住某束激光,以免内部电路发热过多而损坏。

3.激光的能量密度较大,禁止直射人眼,以免造成伤害。

4.不要用湿润的手接触激光琴。

☀ 实验思考

1.激光琴发出的音色是否与激光束的颜色有关?为什么常见的激光琴大多使用红色与绿色激光束?

2.单片机内部如何实现电信号、光信号与声信号的调节与转化?

3.实验所用激光琴与你之前所见激光琴有什么相似与不同之处?

⚙ 5.14 半导体激光泵浦

☀ 实验导入

激光有准直性高、相干性好、能量密度高等特点,具有极高的应用价值,被视为 20 世纪的科技重大突破。半导体激光器具有尺寸小、耦合效率高、响应速度快、可调性好、相干性好、寿命长等特点,在光通信、激光雷达、激光医学、激光加工等方面应用广泛。

☀ 实验目的

演示半导体激光泵浦技术,理解激光的产生原理。

☀ 实验原理

半导体激光泵浦实验装置及示意图如图 5-14-1 所示,主要包含半导体激光器、组合透镜耦合系统、泵浦晶体、倍频晶体和准直系统等部分。半导体激光器产生波长为 807.5 nm 的泵浦激光源,经组合透镜耦合系统后输入泵浦晶体。泵浦后激光的波长仍为 807.5 nm,属于不可见的红外光。为使现象明显,在泵浦晶体后增加一个倍频晶体。

图 5-14-1　半导体激光泵浦实验装置及示意图

处于低能级的原子受到外来光子激励时,若激励能量恰好等于原子低能级与高能级的能量差值,则原子吸收能量跃迁到高能级,这个过程称为受激吸收。在没有任何外界作用的情况下,处于激发态的原子自发地从高能级跃迁到低能级,并向外辐射一个光子,这个过程称为自发辐射。处于高能级的原子受到外来光子激励时,由高能态向低能态跃迁,并释放出一个频率、相位、偏振方向和传播方向都与激励光子完全一致的光子,这个过程称为受激辐射。激光的产生,实质上是泵浦晶体受激辐射,使激励光子的数量倍增。要产生持续的激光,必须改变粒子的正常分布,使处于高能级的粒子数目远多于低能级,形成粒子数反转。

泵浦过程是实现粒子数反转的关键,其原理示意图如图 5-14-2 所示,其中 E_0 为基态,E_1 为激发亚稳态,E_2 为激发高能态。泵浦过程就是将基态粒子抽运到高能态,高能态粒子通过无辐射跃迁过程后处于亚稳态。由于亚稳态是一个寿命较长的态,当基态粒子源源不断地被泵浦到高能态时,处于基态的粒子数急剧下降,而处于亚稳态的粒子会不断累积。最终,处于激发亚稳态 E_1 上的粒子数目远多于处于基态 E_0 上的粒子数目,实现了粒子数反转。

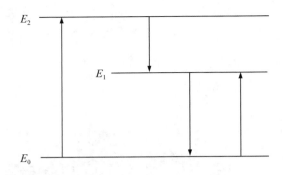

图 5-14-2　粒子数反转原理示意图

💡实验步骤

1.调节元件位置,使各光学系统的光轴在同一水平线上。

2.接通电源,观察激光输出情况。

3.分别单独移走耦合系统、泵浦晶体与倍频晶体等部分,观察实验现象。

4.实验结束,关闭电源。

💡注意事项

1.注意用电安全。

2.激光的能量密度较大,实验时尽量佩戴护目镜,以免发生危险。

💡实验思考

1.调节光轴在同一水平线上时,可以运用什么比较便捷的方法?

2.要想直接观察倍频后的激光,该如何选择倍频晶体?

⚙ 5.15　远程充电

💡实验导入

　　远程充电即无线充电,是一种基于电磁感应等原理,不借助于实际导线进行充电的技术,当前正广泛应用于手机、汽车等高科技领域中。

💡实验目的

　　观察实验现象,了解电磁感应现象的基本原理与其他远程充电技术。

💡实验原理

远程充电实验装置如图 5-15-1 所示,主要由初级线圈、感应线圈、导轨、小灯泡等部分组成。

图 5-15-1　远程充电实验装置

从应用的技术原理来看,远程充电主要可以分为电磁感应式、磁场共振式、无线电波式与电场耦合式四种,分别适用于从近程到远程的电能传输。目前应用较为广泛的无线充电技术为电磁感应式。在初级线圈中通有交变电流时,会引起感应线圈中磁通量的变化,根据法拉第电磁感应定律,有:

$$-\frac{\mathrm{d}\varphi}{\mathrm{d}t}=E$$

在感应线圈中产生感应电动势,可以为小灯泡等设备提供能量。磁通量的变化率越大,产生的感应电动势越大,为小灯泡等设备提供的功率越大。

💡实验步骤

1.将感应线圈移动到初级线圈附近。

2.接通电源,在初级线圈中施加直流电流,观察小灯泡的状态。

3.沿导轨往复移动感应线圈,观察小灯泡的状态变化,分析其原理。

4.改变往复移动感应线圈的速度,观察小灯泡的状态变化,分析其原理。

5.将感应线圈移动到初级线圈附近,在初级线圈中施加交流电流,观察小灯泡的状态变化,分析其原理。

6.改变交流电流的幅值,观察小灯泡的状态变化,分析其原理。

7.改变交流电流的频率,观察小灯泡的状态变化,分析其原理。

8.实验结束,关闭电源。

注意事项

1.注意用电安全。

2.不宜在初级线圈中施加频率太高的交变信号。

3.实验过程中若发现感应线圈较热,应及时关闭电源,暂停实验。

4.移动感应线圈时不要用力过大,以免损坏仪器。

实验思考

1.为什么改变感应线圈靠近初级线圈的速度会影响小灯泡的亮度? 远离初级线圈时会使小灯泡的亮度提高吗?

2.为什么在无线电波充电技术中需要采用高频信号?

3.在无线充电的接收端可以把电流信号转变为电压信号,具体是怎样实现的?

4.你认为应如何改进,才能够将以上实验方案应用到手机充电的技术当中?

⚙ 5.16 弗兰克-赫兹实验

实验导入

1913 年,波尔结合卢瑟福原子模型和普朗克量子理论提出了一个假设,认为原子存在于一系列不连续的能量状态中,这些状态是原子的稳定状态,原子可以通过吸收或辐射能量在两种状态之间跃迁。1914 年,弗兰克和赫兹利用慢电子与稀有气体原子的碰撞实现了原子激发跃迁,直接证明了原子能级的存在。

实验目的

演示弗兰克-赫兹实验,加深对原子能级结构的理解。

实验原理

弗兰克-赫兹实验装置如图 5-16-1 所示,主要包含弗兰克-赫兹管和外加电源等部分。弗兰克-赫兹管主要由发射电子的阴极 K、第一栅极 G_1、第二栅

极 G_2、极板 A 和汞蒸汽等组成。U_{G1K} 的作用是消除空间电荷对阴极电子发射的影响；U_{G2K} 为加速电压,可利用此电压控制电子的能量;U_{G2A} 为减速电压。弗兰克-赫兹实验原理示意图如图 5-16-2 所示。

图 5-16-1　弗兰克-赫兹实验装置

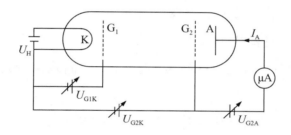

图 5-16-2　弗兰克-赫兹实验原理示意图

假设汞原子基态和第一激发态的能级分别为 E_1 和 E_2,电子被加速后获得能量 eV,然后再与汞原子发生碰撞。若 $eV < E_2 - E_1$,则电子与汞原子只能发生弹性碰撞,汞原子不能吸收电子的能量而发生跃迁。此时,电子具有较大的动能,可以克服减速电场的作用而到达极板 A,形成电流 I_A。若 $eV \geqslant E_2 - E_1$,则电子与汞原子能发生非弹性碰撞,汞原子吸收电子的能量而跃迁到第一激发态,所吸收的能量为 $\Delta = E_2 - E_1$。此时,电子因损失能量而动能减小,不能克服减速电场到达极板 A,导致 I_A 减小。由于第一栅极 G_1 与第二栅极 G_2 距离较远,在加速电压的作用下,电子可以与汞原子发生多次非弹性碰撞。电流 I_A 随加速电压 U_{G2K} 的变化趋势如图 5-16-3 所示,每逢加速电压增加 Δ,电流 I_A 就形成一个波谷。这是因为电子与汞原子发生多次非弹性碰撞而损失能量,剩余能量不足以支持其到达极板 A。

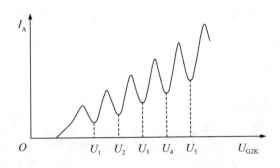

图 5-16-3　I_A-U_{G2K} 关系曲线

💡实验步骤

1.熟悉仪器结构,连接实验电路。

2.接通电源,开机预热 15 min。

3.调节示波器工作于 X-Y 模式,使 I_A-U_{G2K} 曲线清晰地显示在屏幕的合适位置。

4.缓慢调节加速电压,观察 I_A-U_{G2K} 曲线的变化。

5.实验结束,关闭电源。

💡注意事项

1.注意用电安全。

2.实验之前需要预热仪器。

3.加速电压不宜过高,以免击穿损坏弗兰克-赫兹管;以观察到 4 个波谷为宜。

💡实验思考

1.影响实验精度的因素有哪些?

2.在弗兰克-赫兹管中,如何控制汞蒸汽的密度?

⚙ 5.17　珀耳贴效应

💡实验导入

热电效应的主要表现有 3 种,分别是塞贝克效应(Seeback Effect)、珀耳贴效应(Peltier Effect)和汤姆逊效应(Thomson Effect)。在由两种金属组成的回路中,如果两个接触点的温度不同,则回路中将产生电流。这个电流称为热电流,产生热电流的电动势称为热电势,这种由温差导致的热电现象称为塞贝克效应,也称第一热电效应。当电流流经不同金属的接触点时,除了产生焦耳热外,还会根据电流方向的不同而产生额外的吸热或放热,这种现象称为珀耳贴效应,也称第二热电效应。当电流流经存在温度梯度的金属导体时,整个导体除了产生焦耳热外,还会产生放热或者吸热,这种现象称为汤姆逊效应,也称第三热电效应。

实验目的

演示珀耳贴效应,加深对珀耳贴效应的理解。

实验原理

珀耳贴效应实验装置如图 5-17-1 所示,原理示意图如图 5-17-2 所示。锑铋金属组成"锑-铋-锑"结构,并连接电源两端。在两个锑-铋金属的接触点,各安装一个测温热电偶,用于测量接触点的温度。

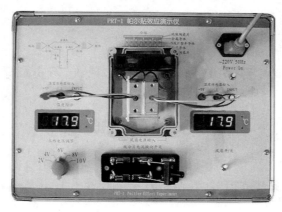

图 5-17-1　珀耳贴效应实验装置

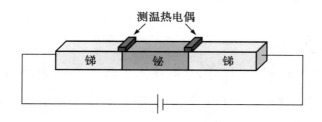

图 5-17-2　珀耳贴效应实验装置原理示意图

不同种类的金属材料中,自由电子处于不同的能级。若外电场使某种金属中的自由电子进入另一种金属,由于能级的差异,将产生吸热或放热现象。在本实验中,电流依次流过锑-铋接触点与铋-锑接触点,在两个接触点处分别产生吸热与放热,导致两个接触点处存在温度差异。测温热电偶能够探测到该温度差异,验证珀耳贴效应的存在。切换电流方向,两个接触点处的吸放热状态同时改变,温度差异也随之变化。测温热电偶能够探测两个接触点处温度差异的变化,验证珀耳贴效应的可逆性。

☀实验步骤

1.接通电源前,观察两个测温热电偶的温度示数。

2.接通电源,调节电路使电流由左向右流动。

3.等待一段时间后,观察两个测温热电偶的温度示数。

4.切换电路,使电流由右向左流动。

5.等待一段时间后,观察两个测温热电偶的温度示数。

6.实验结束,关闭电源。

☀注意事项

1.注意用电安全。

2.锑-铋-锑金属棒容易破裂,实验时轻拿轻放,防止磕碰。

☀实验思考

1.实验开始后,为什么不能马上由测温热电偶显示的示数观察到珀耳贴效应?

2.珀耳贴效应在生活中有哪些应用?

⚙ 5.18 温差电磁铁

☀实验导入

两种不同的导体连接成环路,当接触点温度存在差异时,环路中会产生温差电流,利用温差电流的磁效应可以制成温差电磁铁。

🔅实验目的

通过温差电流的磁效应来演示温差电现象。

🔅实验原理

温差电磁铁实验装置如图 5-18-1 所示，主要包含温差电磁铁、酒精灯、烧杯（装有冷水）、衔铁、砝码托（配有砝码）和支架等部分。温差电磁铁由 U 形电磁铁铁芯与温差电偶构成，组成温差电偶的铜和康铜截面积较大，在一定的温差下能够产生较大的温差电流。温差电偶弯曲的一端插入冷水中，另一端由酒精灯加热。砝码托通过细绳与衔铁连接，有温差电流存在时电磁铁将衔铁吸合，此时砝码托上可承载一定数量的砝码。

图 5-18-1　温差电磁铁实验装置

在同一种金属中存在温度梯度时，自由电子由高温端向低温端运动，形成热电动势，又称汤姆逊电动势。当两种不同金属接触时，它们之间会形成电位差，称为珀耳贴电动势。用酒精灯和冷水形成温差，在汤姆逊电动势与珀耳贴电动势的共同作用下，温差电偶回路中会产生温差电流。根据安培定则，温差电流可形成垂直于电偶回路平面的磁场。温差电磁铁实验示意图如图 5-18-2 所示。

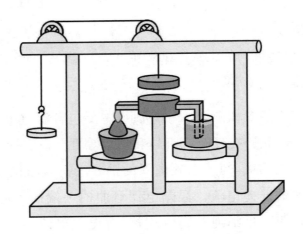

图 5-18-2　温差电磁铁实验示意图

实验步骤

1.在常温状态下,电偶两端不存在温差,观察此时衔铁的吸合情况。

2.将酒精灯和盛有冷水的烧杯分别放在温差电磁铁左右两侧的托板上,将温差电偶的弯曲部分浸入水中。

3.点燃酒精灯,利用外焰加热温差电偶的另一端。

4.等待 3～5 min,观察衔铁是否被温差电磁铁吸合。

5.衔铁被吸合后,向砝码托上逐个添加砝码,观察吸合情况。

6.实验结束,熄灭酒精灯。由于温差电偶两端的温度不能很快趋于平衡,电偶中仍存在较大的温差电流,衔铁仍被吸合,直至温度趋于平衡。

注意事项

1.实验中用到酒精灯,注意用火安全。

2.加砝码时用手轻轻托住砝码托,以防衔铁突然脱落。

3.实验结束后及时取下砝码,以免磁力消失后砝码坠落。

实验思考

1.若采用普通温度计测量金属的温度,会有什么弊端?

2.实验中使用酒精灯作为热源,有什么弊端?